電力系統の
故障計算

新田目 倖造 著

「d-book」
シリーズ

http：//euclid.d-book.co.jp/

電気書院

凡　例

本書の記号は，原則として次の例によった．
(a) 単位は，〔m〕，〔kg〕，〔s〕などのMKS有理系を用いる．
(b) 瞬時値を表わすには，v，iなどの小文字を用いる．
(c) 実効値を表わすには，V，Iなどの大文字を用いる．
(d) ベクトル量を表わすには，$\dot{V}$，$\dot{I}$などを用いる．
(e) 角を表わすには，α，θ，δなどのギリシャ文字を用いる．(別表)
(f) 単位を表わす略字を記号文字の後に使用するときは，V〔kV〕，I〔A〕などとかっこを付する．
(g) 実用上重要と思われる数式，図面には＊印を付する．

別表　ギリシャ文字の読み方

大文字	小文字	読み方	大文字	小文字	読み方
A	α	アルファ	N	ν	ニュー ・ヌー
B	β	ベータ ・ビータ	Ξ	ξ	・クサイ ・グザイ
Γ	γ	ガンマ	O	o	オミクロン
Δ	δ	デルタ	Π	π	・パイ
E	ε	・イプシロン	P	ρ	ロー
Z	ζ	・ジータ	Σ	σ	シグマ
H	η	・イータ	T	τ	タウ ・トー
Θ	θ	・シータ	Υ	υ	・ウプシロン
I	ι	・イオタ	Φ	ϕ, φ	・ファイ
K	κ	カッパ	X	χ	・カイ
Λ	λ	・ラムダ	Ψ	ψ	・プサイ
M	μ	ミュー ・ムー	Ω	ω	・オメガ

(注) 通信工学ハンドブック（電気通信学会，丸善，昭32.7）による．
　・印は，おもに英語風な読み方のなまった通称．

目　次

1　故障計算とその用途　　　1

2　無負荷発電機の故障計算
　2・1　発電機の基本式 …………………………………………… 2
　2・2　3線地絡 ………………………………………………… 3
　2・3　線間短絡 ………………………………………………… 5
　2・4　1線地絡 ………………………………………………… 8
　2・5　2線地絡 ………………………………………………… 13

3　故障計算の基礎
　3・1　鳳−テブナンの定理 ……………………………………… 18
　3・2　スター・デルタ変換 ……………………………………… 20
　3・3　故障計算手順 …………………………………………… 24
　3・4　短絡時の系統電圧変化 …………………………………… 29
　3・5　短絡容量と電圧変化 ……………………………………… 32

4　故障点抵抗のある故障計算
　4・1　故障点抵抗の取扱い ……………………………………… 34
　4・2　故障点抵抗のある故障計算式 …………………………… 34

5　断線故障計算
　5・1　断線点の電圧・電流基本式 ……………………………… 38
　5・2　1線断線 ………………………………………………… 40
　5・3　2線断線 ………………………………………………… 41

6　多重故障計算
　6・1　基準相の変換 …………………………………………… 44

  6・2 対称座標法による多重故障計算 …………………………………………… 47

  6・3 三相回路法による多重故障計算 …………………………………………… 51

7 平行2回線送電線の故障計算

  7・1 1回線故障計算 ……………………………………………………………… 53

  7・2 2回線同時故障計算 ………………………………………………………… 56

1　故障計算とその用途

　電力系統の故障計算は，送電線や発変電所に1線地絡や線間短絡などの各種の故障が発生したとき，故障点および系統各部の電圧・電流を求めるものであり，保護継電方式，遮断器の所要故障電流遮断容量，送電線や変圧器その他の電力機器の過電流・過電圧耐力，近接通信線への誘導電圧などの検討に広く使用される．

対称座標法　電力系統の故障計算には，対称座標法が最も広く使われている．これは，電力系統を零相，正相，逆相の各対称分回路に分けて表現し，それぞれについて対称分電圧・電流を求め，これを合成して系統各部の三相電圧・電流を求める方法であり，大規模系統の故障計算に適している．

　このほかに，電力系統をそのまま三相回路として表現して，直接，各相電圧・電流を求める三相回路法や，電力系統を零相およびα, β回路で表現して，それぞれの回路の電圧・電流を求め，これを合成して各相電圧・電流を求める$\alpha\beta$回路法[1],[2]がある．前者は，数台の発電機で表わせる簡単な系統では，故障現象を直接的に理解しやすいが，それ以上の大きな系統では，計算が複雑となるため，あまり利用されない．

　ここでは，対称座標法による系統の各種故障計算法について述べる．

---

[1]　E. Clarke : Circuit Analysis of AC Power System, Vol. 1, (1943) John Wiley & Sons.
[2]　梅津：送電線故障計算入門（昭和36・6）電気書院

2 無負荷発電機の故障計算

2・1 発電機の基本式

対称座標法によれば,発電機の対称分電圧・電流の間には次の「発電機の基本式」が成り立つ.

$$\left.\begin{aligned}\dot{V}_{a0} &= -\dot{Z}_0 \dot{I}_{a0} \\ \dot{V}_{a1} &= \dot{E}_a - \dot{Z}_1 \dot{I}_{a1} \\ \dot{V}_{a2} &= -\dot{Z}_2 \dot{I}_{a2}\end{aligned}\right\} \tag{2・1)*}$$

ここに,$\dot{E}_a$:発電機のa相内部誘起電圧

$\dot{V}_{a0}$, $\dot{V}_{a1}$, $\dot{V}_{a2}$:発電機端子の零相,正相,逆相電圧

$\dot{I}_{a0}$, $\dot{I}_{a1}$, $\dot{I}_{a2}$:発電機の零相,正相,逆相電流

$\dot{Z}_0$, $\dot{Z}_1$, $\dot{Z}_2$:発電機の零相,正相,逆相インピーダンス

対称分電圧・電流はa相を基準として表わす.発電機端子の各相電圧$\dot{V}_a$, $\dot{V}_b$, $\dot{V}_c$,各相電流$\dot{I}_a$, $\dot{I}_b$, $\dot{I}_c$と対称分電圧・電流の間には次の関係がある.

$$\left.\begin{aligned}\dot{V}_a &= \dot{V}_{a0} + \dot{V}_{a1} + \dot{V}_{a2} \\ \dot{V}_b &= \dot{V}_{a0} + a^2 \dot{V}_{a1} + a\dot{V}_{a2} \\ \dot{V}_c &= \dot{V}_{a0} + a\dot{V}_{a1} + a^2 \dot{V}_{a2}\end{aligned}\right\} \tag{2・2)*}$$

$$\left.\begin{aligned}\dot{V}_{a0} &= \frac{1}{3}(\dot{V}_a + \dot{V}_b + \dot{V}_c) \\ \dot{V}_{a1} &= \frac{1}{3}(\dot{V}_a + a\dot{V}_b + a^2 \dot{V}_c) \\ \dot{V}_{a2} &= \frac{1}{3}(\dot{V}_a + a^2 \dot{V}_b + a\dot{V}_c)\end{aligned}\right\} \tag{2・3)*}$$

$$\left.\begin{aligned}\dot{I}_a &= \dot{I}_{a0} + \dot{I}_{a1} + \dot{I}_{a2} \\ \dot{I}_b &= \dot{I}_{a0} + a^2 \dot{I}_{a1} + a\dot{I}_{a2} \\ \dot{I}_c &= \dot{I}_{a0} + a\dot{I}_{a1} + a^2 \dot{I}_{a2}\end{aligned}\right\} \tag{2・4}$$

$$\left.\begin{aligned}\dot{I}_{a0} &= \frac{1}{3}(\dot{I}_a + \dot{I}_b + \dot{I}_c) \\ \dot{I}_{a1} &= \frac{1}{3}(\dot{I}_a + a\dot{I}_b + a^2 \dot{I}_c) \\ \dot{I}_{a2} &= \frac{1}{3}(\dot{I}_a + a^2 \dot{I}_b + a\dot{I}_c)\end{aligned}\right\} \tag{2・5}$$

無負荷発電機 | 無負荷発電機では，$\dot{I}_a = \dot{I}_b = \dot{I}_c = 0$，したがって $\dot{I}_{a0} = \dot{I}_{a1} = \dot{I}_{a2} = 0$ であるから，(2・1)式より

$$\left.\begin{array}{l} \dot{V}_{a0} = 0 \\ \dot{V}_{a1} = \dot{E}_a \\ \dot{V}_{a2} = 0 \end{array}\right\} \tag{2・6}$$

各相電圧は，次のように三相平衡電圧となっている．

$$\left.\begin{array}{l} \dot{V}_a = \dot{E}_a \\ \dot{V}_b = a^2 \dot{E}_a \\ \dot{V}_c = a\dot{E}_a \end{array}\right\} \tag{2・7}$$

対称座標法による故障計算は，(2・1)式と故障種類によって定まる，故障点の各相電圧・電流の三つの故障条件式の合計6個の複素一次連立方程式から，$\dot{V}_{a0}$，$\dot{V}_{a1}$，$\dot{V}_{a2}$，$\dot{I}_{a0}$，$\dot{I}_{a1}$，$\dot{I}_{a2}$ の6個の未知数を求めることに帰する．

以下に，各種故障について計算式の誘導と故障現象の特徴を述べる．これは電力系統の故障計算の基本となる．

2・2 3線地絡
(3LG, Three line - to - ground fault)

(1) **故障条件** 図2・1(a)より，

$$\dot{V}_a = \dot{V}_b = \dot{V}_c = 0 \tag{2・8}$$

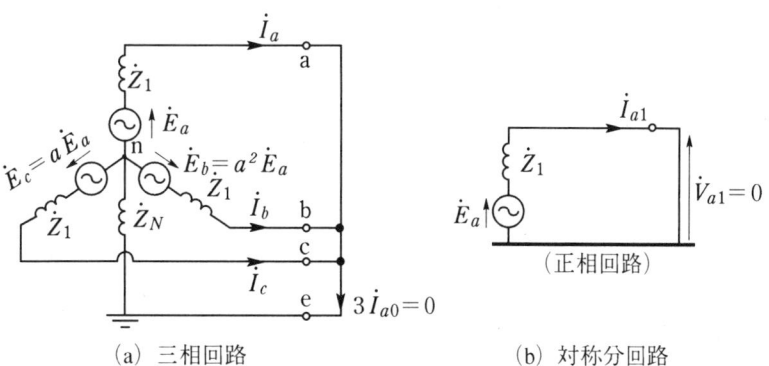

(a) 三相回路 (b) 対称分回路

図2・1 3線地絡時の等価回路

対称分電圧・電流 | (2) **対称分電圧・電流** (2・3)，(2・8)式より

$$\dot{V}_{a0} = \dot{V}_{a1} = \dot{V}_{a2} = 0 \tag{2・9}$$

(2・1)，(2・9)式より

2 無負荷発電機の故障計算

$$\left.\begin{array}{l}0 = -\dot{Z}_0 \dot{I}_{a0} \\ 0 = \dot{E}_a - \dot{Z}_1 \dot{I}_{a1} \\ 0 = -\dot{Z}_2 \dot{I}_{a2}\end{array}\right\} \quad (2\cdot10)$$

$$\therefore \quad \dot{I}_{a1} = \frac{\dot{E}_a}{\dot{Z}_1} \quad (2\cdot11)^*$$

$$\dot{I}_{a0} = \dot{I}_{a2} = 0 \quad (2\cdot12)$$

(3) 各相電流 (2・4),(2・11),(2・12)式より

$$\left.\begin{array}{l}\dot{I}_a = \dfrac{\dot{E}_a}{\dot{Z}_1} \\ \dot{I}_b = \dfrac{a^2 \dot{E}_a}{\dot{Z}_1} \\ \dot{I}_c = \dfrac{a \dot{E}_a}{\dot{Z}_1}\end{array}\right\} \quad (2\cdot13)$$

3線地絡 (4) 3線地絡の特徴　したがって3線地絡時の対称分回路の構成は，図2・1(b)，故障電圧・電流ベクトル図は図2・2となる．3線地絡故障の特徴は次のとおりである．

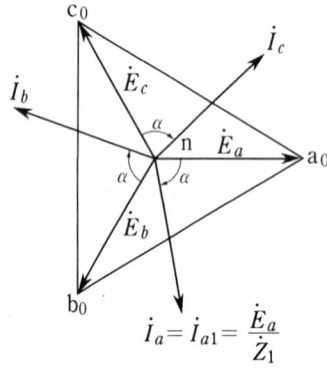

図2・2　3線地絡時のベクトル図
（注）△$a_0 b_0 c_0$：故障前の各相電圧三角形
$\dot{Z}_1 = Z_1 \angle \alpha$

(1) 短絡電流は三相平衡しており，その大きさは，各相の故障前電圧を発電機の正相インピーダンスで割ったものに等しい．

(2) 零相，逆相の電圧・電流は零である．

三相短絡 なお，三相短絡（3LS, Three phase short circuit fault）時は，図2・1のce間を開放した場合であるが，3線地絡時のこの点の電流は$\dot{I}_a + \dot{I}_b + \dot{I}_c = 3\dot{I}_{a0} = 0$であるから，ここを開放しても各部の電圧・電流に変化はない．したがって三相短絡時の電圧・電流は，3線地絡時に等しい．

2·3 線間短絡
(2LS, Line-to-line fault)

(1) 故障条件

b，c相線間短絡時の故障条件は図2·3(a)より

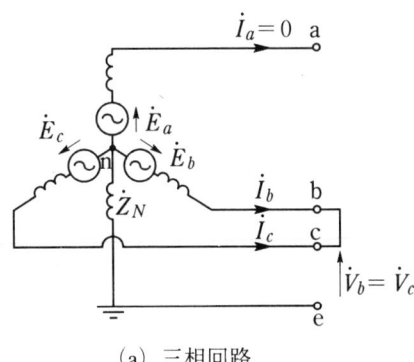

(a) 三相回路

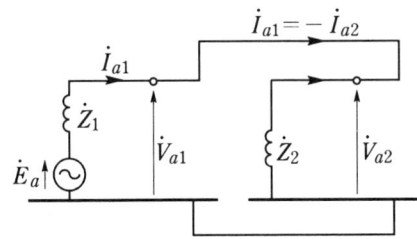

(b) 対称分回路 　　　　図2·3* bc線間短絡時の等価回路

$$\dot{V}_b = \dot{V}_c \tag{2·14}$$

$$\dot{I}_a = 0, \quad \dot{I}_b + \dot{I}_c = 0 \tag{2·15}$$

(2) 対称分電圧・電流

(2·14)式より

$$\dot{V}_b - \dot{V}_c = (\dot{V}_{a0} + a^2\dot{V}_{a1} + a\dot{V}_{a2}) - (\dot{V}_{a0} + a\dot{V}_{a1} + a^2\dot{V}_{a2})$$
$$= (a^2 - a)(\dot{V}_{a1} - \dot{V}_{a2}) = 0 \tag{2·16}$$

$$\therefore \quad \dot{V}_{a1} = \dot{V}_{a2} \tag{2·17}$$

(2·15)式より

$$\left.\begin{array}{l} \dot{I}_a = \dot{I}_{a0} + \dot{I}_{a1} + \dot{I}_{a2} = 0 \\ \dot{I}_b + \dot{I}_c = (\dot{I}_{a0} + a^2\dot{I}_{a1} + a\dot{I}_{a2}) + (\dot{I}_{a0} + a\dot{I}_{a1} + a^2\dot{I}_{a2}) \\ \quad\quad = 2\dot{I}_{a0} - \dot{I}_{a1} - \dot{I}_{a2} = 0 \end{array}\right\} \tag{2·18}$$

(2·18)の2式を加えて

$$\dot{I}_a + \dot{I}_b + \dot{I}_c = 3\dot{I}_{a0} = 0 \quad \therefore \quad \dot{I}_{a0} = 0 \tag{2·19}$$

$$\therefore \dot{I}_{a1} = -\dot{I}_{a2} \tag{2·20}$$

$(2·1)$, $(2·17)$, $(2·20)$式より

$$\dot{E}_a - \dot{Z}_1 \dot{I}_{a1} = -\dot{Z}_2 \dot{I}_{a2} = \dot{Z}_2 \dot{I}_{a1} \tag{2·21}$$

$$\therefore \dot{I}_{a1} = \frac{\dot{E}_a}{\dot{Z}_1 + \dot{Z}_2} = -\dot{I}_{a2} \tag{2·22}^*$$

$$\dot{V}_{a1} = \dot{E}_a - \frac{\dot{Z}_1 \dot{E}_a}{\dot{Z}_1 + \dot{Z}_2} = \frac{\dot{Z}_2 \dot{E}_a}{\dot{Z}_1 + \dot{Z}_2} = \dot{V}_{a2} \tag{2·23}$$

$$\dot{V}_{a0} = -\dot{Z}_0 \dot{I}_{a0} = 0 \tag{2·24}$$

対称分回路の構成は図 2·3 (b) となる.

(3) 各相電圧・電流

$$\dot{V}_a = \dot{V}_{a1} + \dot{V}_{a2} = \frac{2\dot{Z}_2 \dot{E}_a}{\dot{Z}_1 + \dot{Z}_2} \tag{2·25}$$

$$\dot{V}_b = a^2 \dot{V}_{a1} + a\dot{V}_{a2} = -\dot{V}_{a1} = -\frac{\dot{Z}_2 \dot{E}_a}{\dot{Z}_1 + \dot{Z}_2} = \dot{V}_c \tag{2·26}$$

$$\begin{aligned}\dot{I}_b &= a^2 \dot{I}_{a1} + a\dot{I}_{a2} = (a^2 - a)\dot{I}_{a1} \\ &= \frac{(a^2 - a)\dot{E}_a}{\dot{Z}_1 + \dot{Z}_2} = -\frac{j\sqrt{3}\dot{E}_a}{\dot{Z}_1 + \dot{Z}_2} \\ &= \frac{\dot{E}_{bc}}{\dot{Z}_1 + \dot{Z}_2} = -\dot{I}_c\end{aligned} \tag{2·27}$$

(4) 線間短絡の特徴

故障直後の発電機インピーダンスは, $\dot{Z}_1 = jx_1 = jx_d''$, $\dot{Z}_2 = jx_2 \fallingdotseq jx_d''$, すなわち, $\dot{Z}_1 \fallingdotseq \dot{Z}_2$ であるから, 線間短絡電流は,

線間短絡電流

$$\dot{I}_{b(2LS)} \fallingdotseq -\frac{j\sqrt{3}\dot{E}_a}{2\dot{Z}_1} \tag{2·28}$$

三相短絡電流　三相短絡電流は

$$\dot{I}_{a(3LS)} = \frac{\dot{E}_a}{\dot{Z}_1} \tag{2·29}$$

であるから

$$I_{b(2LS)} \fallingdotseq \frac{\sqrt{3}}{2} I_{a(3LS)} = 0.866 I_{a(3LS)} \tag{2·30}^*$$

すなわち線間短絡電流は三相短絡電流の約 0.866 倍である.

電圧については, $\dot{Z}_1 \fallingdotseq \dot{Z}_2$ とすれば,

$$\dot{V}_{a1} = \dot{V}_{a2} = \frac{\dot{Z}_2 \dot{E}_a}{\dot{Z}_1 + \dot{Z}_2} \fallingdotseq \frac{\dot{E}_a}{2} \tag{2·31}$$

$$\dot{V}_a = \frac{2\dot{Z}_2 \dot{E}_a}{\dot{Z}_1 + \dot{Z}_2} \fallingdotseq \dot{E}_a \tag{2·32}$$

2·3 線間短絡

$$\dot{V}_b = \dot{V}_c = -\frac{\dot{Z}_2 \dot{E}_a}{\dot{Z}_1 + \dot{Z}_2} \fallingdotseq -\frac{\dot{E}_a}{2} \qquad (2·33)$$

bc相線間短絡故障

これらのベクトル図を**図2·4**に示す．bc相線間短絡故障の特徴は次のとおりとなる．

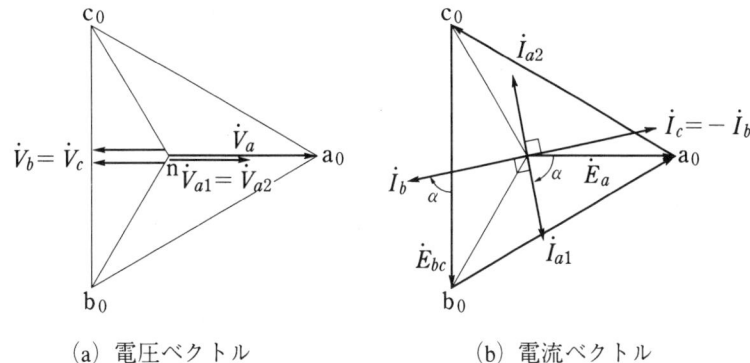

(a) 電圧ベクトル　　　　(b) 電流ベクトル

図2·4　bc相線間短絡時のベクトル図

(1) b, c相電流は，大きさが三相短絡電流のほぼ $\frac{\sqrt{3}}{2} = 0.866$ 倍で，互いに逆位相である．

(2) a相電圧は故障前とほとんど変わらず，b, c相電圧は，故障前の約1/2となる．

(3) ab, ca相間電圧は，故障前のほぼ $\sqrt{3}/2$ 倍となる．

〔問題1〕定格容量350 MVA，定格電圧15 kV，直軸初期過渡リアクタンス $x_d'' = 25\%$，逆相リアクタンス $x_2 = 25\%$ の発電機が，定格電圧で無負荷運転中に，発電機端子で次の故障が発生したときの故障発生直後の電流を求めよ．

(1) 三相短絡

(2) 線間短絡

〔解答〕(1) 三相短絡の場合

350 MVA，15 kV基準の単位法で表わすと，(2·13)式において，$\dot{E}_a = 1.0$ PUとして

$$\dot{Z}_1 = jx_d'' = j0.25 \text{〔PU〕}$$

$$\dot{I}_a = \frac{\dot{E}_a}{\dot{Z}_1} = \frac{1.0}{j0.25} = -j4.0 = 4.0\angle 270° \text{〔PU〕}$$

発電機定格電流 I_n は，

$$I_n = \frac{350 \times 10^3}{\sqrt{3} \times 15} = 13\,472 \text{〔A〕}$$

したがって，

$$\dot{I}_a = (4.0\angle 270°)\times 13\,472 \fallingdotseq 53\,890\angle 270° \text{〔A〕}$$

$$\dot{I}_b \fallingdotseq 53\,890\angle 150° \text{〔A〕}$$

$$\dot{I}_c \fallingdotseq 53\,890\angle 30° \text{〔A〕}$$

(2) bc線間短絡の場合

(2·27)式で，$\dot{Z}_2 = j0.25$ として，

$$\dot{I}_b = -\dot{I}_c = \frac{-j\sqrt{3} \times 1.0}{j0.25 + j0.25} = -3.464 \,\text{[PU]}$$
$$= 3.464 \times 13\,472 \angle 180° \fallingdotseq 46\,670 \angle 180° \,\text{[A]}$$

2·4　1線地絡
(1LG, Single line-to-ground fault)

(1) 故障条件

a相1線地絡　　a相1線地絡時の故障条件は，図2·5(a)より

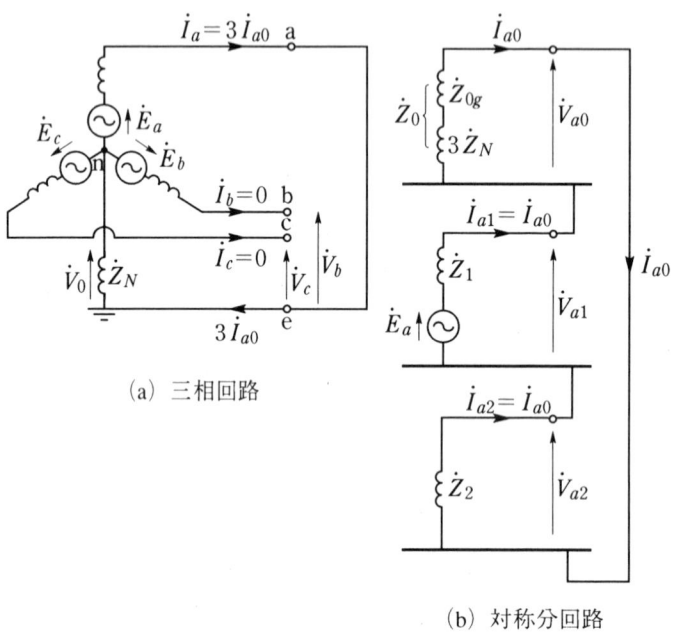

(a) 三相回路

(b) 対称分回路

図2·5*　a相1線地絡時の等価回路

$$\dot{V}_a = 0 \tag{2·34}$$

$$\dot{I}_b = \dot{I}_c = 0 \tag{2·35}$$

(2) 対称分電圧・電流

(2·35)式より

$$\left.\begin{array}{l}\dot{I}_b = \dot{I}_{a0} + a^2\dot{I}_{a1} + a\dot{I}_{a2} = 0 \\ \dot{I}_c = \dot{I}_{a0} + a\dot{I}_{a1} + a^2\dot{I}_{a2} = 0\end{array}\right\} \tag{2·36}$$

$$\dot{I}_b - \dot{I}_c = (a^2 - a)(\dot{I}_{a1} - \dot{I}_{a2}) = 0 \tag{2·37}$$

$$\therefore \dot{I}_{a1} = \dot{I}_{a2} \tag{2·38}$$

$$\dot{I}_{a0} = -(a^2+a)\dot{I}_{a1} = \dot{I}_{a1} \tag{2·39}$$

(2·34)式より

$$\begin{aligned}
\dot{V}_a &= \dot{V}_{a0} + \dot{V}_{a1} + \dot{V}_{a2} \\
&= -\dot{Z}_0 \dot{I}_{a0} + (\dot{E}_a - \dot{Z}_1 \dot{I}_{a1}) - \dot{Z}_2 \dot{I}_{a2} \\
&= \dot{E}_a - (\dot{Z}_0 + \dot{Z}_1 + \dot{Z}_2)\dot{I}_{a0} = 0
\end{aligned} \tag{2·40}$$

$$\therefore \quad \dot{I}_{a0} = \dot{I}_{a1} = \dot{I}_{a2} = \frac{\dot{E}_a}{\dot{Z}_0 + \dot{Z}_1 + \dot{Z}_2} \tag{2·41}*$$

ここに，$\dot{Z}_0 = \dot{Z}_{0g} + 3\dot{Z}_N$：発電機端子から発電機側をみた零相インピーダンス
　　　　　Z_{0g}：発電機の零相インピーダンス
　　　　　$\dot{Z}_N$：発電機中性点接地インピーダンス

対称分電圧は，

$$\dot{V}_{a0} = -\dot{Z}_0 \dot{I}_{a0} = -\frac{\dot{Z}_0 \dot{E}_a}{\dot{Z}_0 + \dot{Z}_1 + \dot{Z}_2} \tag{2·42}$$

$$\dot{V}_{a1} = \dot{E}_a - \dot{Z}_1 \dot{I}_{a1} = \dot{E}_a - \frac{\dot{Z}_1 \dot{E}_a}{\dot{Z}_0 + \dot{Z}_1 + \dot{Z}_2} = \frac{(\dot{Z}_0 + \dot{Z}_2)\dot{E}_a}{\dot{Z}_0 + \dot{Z}_1 + \dot{Z}_2} \tag{2·43}$$

$$\dot{V}_{a2} = -\dot{Z}_2 \dot{I}_{a2} = -\frac{\dot{Z}_2 \dot{E}_a}{\dot{Z}_0 + \dot{Z}_1 + \dot{Z}_2} \tag{2·44}$$

したがって対称分回路の構成は，図2·5(b)となる．

(3) 各相電圧・電流

$$\begin{aligned}
\dot{I}_a &= \dot{I}_{a0} + \dot{I}_{a1} + \dot{I}_{a2} = 3\dot{I}_{a0} \\
&= \frac{3\dot{E}_a}{\dot{Z}_0 + \dot{Z}_1 + \dot{Z}_2}
\end{aligned} \tag{2·45}*$$

$$\begin{aligned}
\dot{V}_b &= \dot{V}_{a0} + a^2 \dot{V}_{a1} + a\dot{V}_{a2} \\
&= \frac{-\dot{Z}_0 \dot{E}_a + a^2(\dot{Z}_0 + \dot{Z}_2)\dot{E}_a - a\dot{Z}_2 \dot{E}_a}{\dot{Z}_0 + \dot{Z}_1 + \dot{Z}_2} \\
&= \left\{\frac{(a^2-1)\dot{Z}_0 + (a^2-a)\dot{Z}_2}{\dot{Z}_0 + \dot{Z}_1 + \dot{Z}_2}\right\}\dot{E}_a
\end{aligned} \tag{2·46}$$

$$\begin{aligned}
\dot{V}_c &= \dot{V}_{a0} + a\dot{V}_{a1} + a^2 \dot{V}_{a2} \\
&= \frac{-\dot{Z}_0 \dot{E}_a + a(\dot{Z}_0 + \dot{Z}_2)\dot{E}_a - a^2 \dot{Z}_2 \dot{E}_a}{\dot{Z}_0 + \dot{Z}_1 + \dot{Z}_2} \\
&= \left\{\frac{(a-1)\dot{Z}_0 + (a-a^2)\dot{Z}_2}{\dot{Z}_0 + \dot{Z}_1 + \dot{Z}_2}\right\}\dot{E}_a
\end{aligned} \tag{2·47}$$

(4) 1線地絡の特徴

高インピーダンス接地

(a) 高インピーダンス接地の場合　発電機中性点を，発電機インピーダンスに比べて充分大きいインピーダンス$\dot{Z}_N$で接地した場合は

$$\left.\begin{array}{l}Z_{0g},\ Z_1,\ Z_2 \ll Z_N \\ \dot{Z}_0 = \dot{Z}_{0g} + 3\dot{Z}_N \doteqdot 3\dot{Z}_N\end{array}\right\} \quad (2\cdot 48)$$

となるから，$\dot{E}_a$を位相基準として，

$$\left.\begin{array}{l}\dot{I}_{a0} = \dot{I}_{a1} = \dot{I}_{a2} \doteqdot \dfrac{E_a}{3\dot{Z}_N} \\ \dot{I}_a = \dfrac{E_a}{\dot{Z}_N}\end{array}\right\} \quad (2\cdot 49)$$

$$\left.\begin{array}{l}\dot{V}_{a0} \doteqdot -E_a \\ \dot{V}_{a1} \doteqdot E_a \\ \dot{V}_{a2} \doteqdot 0\end{array}\right\} \quad (2\cdot 50)$$

$$\left.\begin{array}{l}\dot{V}_b \doteqdot (a^2 - 1)E_a = \sqrt{3}E_a \angle 210° \\ \dot{V}_c \doteqdot (a - 1)E_a = \sqrt{3}E_a \angle 150°\end{array}\right\} \quad (2\cdot 51)$$

$$\left.\begin{array}{l}\dot{V}_{ab} = \dot{V}_a - \dot{V}_b \doteqdot \sqrt{3}E_a \angle 30° \\ \dot{V}_{bc} = \dot{V}_b - \dot{V}_c \doteqdot \sqrt{3}E_a \angle 270° \\ \dot{V}_{ca} = \dot{V}_c - \dot{V}_a \doteqdot \sqrt{3}E_a \angle 150°\end{array}\right\} \quad (2\cdot 52)$$

a相1線地絡

したがって，図2・6のベクトル図に示すように高インピーダンス接地時のa相1線地絡の特徴は概略次のとおりとなる．

(1) a相地絡電流は，故障前のa相電圧を中性点インピーダンス$\dot{Z}_N$で割ったものに等しい．

(2) b, c相の対地電圧は故障前の値の$\sqrt{3}$倍に上昇する．

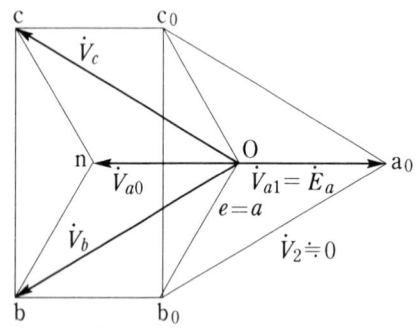

(a) 電圧ベクトル

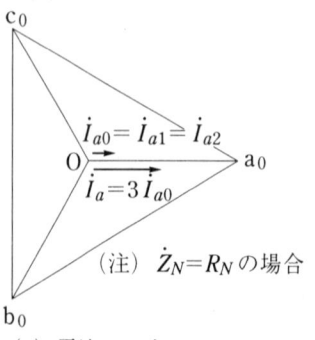

(b) 電流ベクトル

図2・6　高抵抗接地発電機の1線地絡ベクトル図

2·4 1線地絡

(3) 零相電圧は，故障前のa相電圧と大きさが等しく逆位相である．

(4) 各線間電圧は，故障前の値と変わらない（逆相電圧はほぼ零であり，電圧三角形△abcの大きさは故障前とほとんど変わらない）．

直接接地

(b) 直接接地の場合　発電機の中性点を直接接地した場合は，発電機の零相，正相，逆相インピーダンスの大きさによって電圧・電流は変わるが，代表例として，$\dot{Z}_0 \fallingdotseq \dot{Z}_1 \fallingdotseq \dot{Z}_2$ の場合は次のとおりとなる．

$$\left. \begin{array}{l} \dot{I}_{a0} = \dot{I}_{a1} = \dot{I}_{a2} \fallingdotseq \dfrac{\dot{E}_a}{3\dot{Z}_1} \\ \dot{I}_a \fallingdotseq \dfrac{\dot{E}_a}{\dot{Z}_1} \end{array} \right\} \quad (2\cdot53)$$

$$\left. \begin{array}{l} \dot{V}_{a0} \fallingdotseq -\dfrac{\dot{E}_a}{3} \\ \dot{V}_{a1} \fallingdotseq \dfrac{2}{3}\dot{E}_a \\ \dot{V}_{a2} \fallingdotseq -\dfrac{\dot{E}_a}{3} \end{array} \right\} \quad (2\cdot54)$$

$$\left. \begin{array}{l} \dot{V}_b \fallingdotseq a^2 \dot{E}_2 \\ \dot{V}_c \fallingdotseq a \dot{E}_a \end{array} \right\} \quad (2\cdot55)$$

このベクトル図は**図2·7**のようになり，次のような特徴がある．

(1) a相地絡電流は，三相短絡電流にほぼ等しい．

(2) b，c相対地電圧は故障前とほとんど変わらない．

(3) 零相電圧は，故障前のa相電圧の1/3程度と小さい．

(4) ab，ca線間電圧は，故障前の$1/\sqrt{3}$程度に減少する．

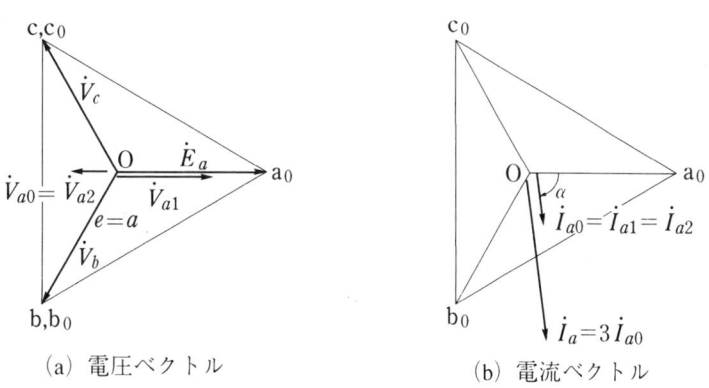

(a) 電圧ベクトル　　　(b) 電流ベクトル

図2·7　直接接地発電機の1線地絡ベクトル図
（$\dot{Z}_0 = \dot{Z}_1 = \dot{Z}_2$の場合）

〔問題2〕〔問題1〕の発電機の中性点を次により接地した場合，発電機端子でa相1線地絡故障発生直後の電圧・電流を求めよ．ただし，発電機の零相リアクタンスは10％とする．

(1) 高抵抗接地（中性点抵抗 100Ω）

(2) 直接接地

〔解答〕(1) 高抵抗接地の場合

2　無負荷発電機の故障計算

350 MVA, 15 kV 基準の単位表示によれば

$$\dot{Z}_N = 100\Omega = 100 \times \frac{350}{15^2} = 155.6 \text{ (PU)}$$

$$\dot{Z}_0 = 155.6 \times 3 + j0.10 = 466.8 + j0.10$$

$(2\cdot45)$ 式より $\dot{E}_a$ を位相基準にとり

$$\dot{I}_a = \frac{3E_a}{\dot{Z}_0 + \dot{Z}_1 + \dot{Z}_2} = \frac{3 \times 1.0}{(466.8 + j0.10) + j0.25 + j0.25}$$

$$= \frac{3.0}{466.8 + j0.60} = 0.006427$$

$$= 0.006427 \times 13\,472 = 86.6 \text{ (A)}$$

$$\dot{V}_{a0} = -\frac{\dot{Z}_0 \dot{E}_a}{\dot{Z}_0 + \dot{Z}_1 + \dot{Z}_2} = -\frac{(466.8 + j0.10) \times 1.0}{466.8 + j0.60} \fallingdotseq -1.00 \text{ (PU)} = \frac{15}{\sqrt{3}} \angle 180° \text{ (kV)}$$

$$\dot{V}_b = \left\{ \frac{(a^2-1)\dot{Z}_0 + (a^2-a)\dot{Z}_2}{\dot{Z}_0 + \dot{Z}_1 + \dot{Z}_2} \right\} \dot{E}_a$$

$$= \left\{ \frac{(-1.5 - j0.866) \times (466.8 + j0.10) + (-j1.732) \times (j0.25)}{466.8 + j0.60} \right\} \times 1.0 \text{ (PU)}$$

$$\fallingdotseq \sqrt{3} \angle 210° \text{ (PU)} = \sqrt{3} \times \frac{15}{\sqrt{3}} \angle 210° \text{ (kV)}$$

$$= 15 \angle 210° \text{ (kV)}$$

$$\dot{V}_c \fallingdotseq 15 \angle 150° \text{ (kV)}$$

(2) 直接接地の場合

$\dot{Z}_0 = j0.10 \text{ (PU)}$ であるから

$$\dot{I}_a = \frac{3.0}{j0.10 + j0.25 + j0.25} = \frac{3.0}{j0.60} = -j5.0 \text{ (PU)}$$

$$= (5.0 \angle 270°) \times 13\,472 \text{ (A)} = 67\,360 \angle 270° \text{ (A)}$$

$$\dot{V}_{a0} = -\frac{j0.10 \times 1.0}{j0.60} = -0.1667 \text{ (PU)} = (0.1667 \angle 180°) \times \frac{15}{\sqrt{3}} \text{ (kV)}$$

$$= 1.44 \angle 180° \text{ (kV)}$$

$$\dot{V}_b = \left\{ \frac{(-1.5 - j0.866) \times j0.10 + (-j1.732) \times j0.25}{j0.60} \right\} \times 1.0$$

$$= -0.25 - j0.866 = 0.901 \angle 253.9° \text{ (PU)} = 7.8 \angle 253.9° \text{ (kV)}$$

同様にして

$$\dot{V}_c = 7.8 \angle 106.1° \text{ (kV)}$$

2·5　2線地絡
(2LG, Double line-to-ground fault)

(1) 故障条件

bc相2線地絡　　bc相2線地絡の場合は，図2·8(a)より，

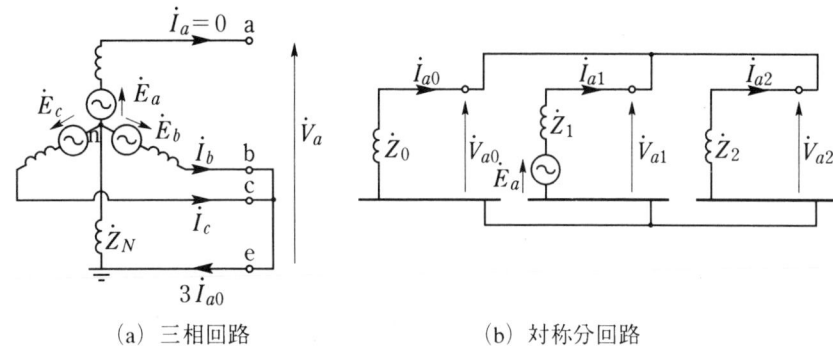

(a) 三相回路　　　　　　(b) 対称分回路

図2·8*　bc相2線地絡時の等価回路

$$\dot{V}_b = \dot{V}_c = 0 \tag{2·56}$$

$$\dot{I}_a = 0 \tag{2·57}$$

(2) 対称分電圧・電流

(2·56)式より

$$\left.\begin{array}{l}\dot{V}_b = \dot{V}_{a0} + a^2 \dot{V}_{a1} + a\dot{V}_{a2} = 0 \\ \dot{V}_c = \dot{V}_{a0} + a\dot{V}_{a1} + a^2 \dot{V}_{a2} = 0\end{array}\right\} \tag{2·58}$$

$$\dot{V}_b - \dot{V}_c = (a^2 - a)(\dot{V}_{a1} - \dot{V}_{a2}) = 0 \tag{2·59}$$

$$\therefore \quad \dot{V}_{a1} = \dot{V}_{a2} \tag{2·60}$$

(2·58), (2·60)式より

$$\dot{V}_{a0} = -(a^2 + a)\dot{V}_{a1} = \dot{V}_{a1} \tag{2·61}$$

$$\therefore \quad \dot{V}_{a0} = \dot{V}_{a1} = \dot{V}_{a2} \tag{2·62}*$$

発電機の基本式により

$$\dot{V}_{a0} = -\dot{Z}_0 \dot{I}_{a0} = \dot{E}_a - \dot{Z}_1 \dot{I}_{a1} = -\dot{Z}_2 \dot{I}_{a2} \tag{2·63}$$

$$\left.\begin{array}{l}\therefore \quad \dot{I}_{a1} = \dfrac{\dot{E}_a + \dot{Z}_0 \dot{I}_{a0}}{\dot{Z}_1} \\ \quad \dot{I}_{a2} = \dfrac{\dot{Z}_0 \dot{I}_{a0}}{\dot{Z}_2}\end{array}\right\} \tag{2·64}$$

(2·57)式より

2 無負荷発電機の故障計算

$$\dot{I}_a = \dot{I}_{a0} + \dot{I}_{a1} + \dot{I}_{a2}$$

$$= \dot{I}_{a0} + \frac{\dot{E}_a + \dot{Z}_0 \dot{I}_{a0}}{\dot{Z}_1} + \frac{\dot{Z}_0 \dot{I}_{a0}}{\dot{Z}_2} = 0 \tag{2·65}$$

$$\therefore \dot{I}_{a0} = -\frac{\dot{Z}_2 \dot{E}_a}{\Delta} \tag{2·66}*$$

ここに $\Delta = \dot{Z}_0 \dot{Z}_1 + \dot{Z}_1 \dot{Z}_2 + \dot{Z}_2 \dot{Z}_0$ \hfill (2·67)*

$$\dot{I}_{a1} = \frac{\dot{E}_a + \dot{Z}_0 \dot{I}_{a0}}{\dot{Z}_1} = \frac{1}{\dot{Z}_1}\left(\dot{E}_a - \frac{\dot{Z}_0 \dot{Z}_2 \dot{E}_a}{\Delta}\right)$$

$$= \frac{(\dot{Z}_0 + \dot{Z}_2)\dot{E}_a}{\Delta} \tag{2·68}$$

$$\dot{I}_{a2} = \frac{\dot{Z}_0 \dot{I}_{a0}}{\dot{Z}_2} = -\frac{\dot{Z}_0 \dot{E}_a}{\Delta} \tag{2·69}$$

したがって等価回路の構成は図2・8(b)となる．

(3) 各相電圧・電流

$$\dot{V}_a = 3\dot{V}_{a0} = -3\dot{Z}_0 \dot{I}_{a0}$$

$$= \frac{3\dot{Z}_0 \dot{Z}_2 \dot{E}_a}{\Delta} \tag{2·70}$$

$$\dot{I}_b = \dot{I}_{a0} + a^2 \dot{I}_{a1} + a\dot{I}_{a2}$$

$$= \frac{\dot{E}_a}{\Delta}\{-\dot{Z}_2 + a^2(\dot{Z}_0 + \dot{Z}_2) - a\dot{Z}_0\}$$

$$= \frac{\dot{E}_a}{\Delta}\{(a^2 - a)\dot{Z}_0 + (a^2 - 1)\dot{Z}_2\} \tag{2·71}$$

$$\dot{I}_c = \dot{I}_{a0} + a\dot{I}_{a1} + a^2 \dot{I}_{a2}$$

$$= \frac{\dot{E}_a}{\Delta}\{(a - a^2)\dot{Z}_0 + (a - 1)\dot{Z}_2\} \tag{2·72}$$

(4) 2線地絡故障の特徴

高インピーダンス接地 (a) 高インピーダンス接地の場合 $Z_0 \gg Z_1 \fallingdotseq Z_2$ とすれば (2·66)(2·70)～(2·72)式より

$$\dot{I}_{a0} = -\frac{\dot{Z}_2 \dot{E}_a}{\dot{Z}_0 \dot{Z}_1 + \dot{Z}_1 \dot{Z}_2 + \dot{Z}_2 \dot{Z}_0} \fallingdotseq -\frac{\dot{E}_a}{2\dot{Z}_0} \tag{2·73}$$

$$\dot{V}_{a0} \fallingdotseq \frac{\dot{E}_a}{2} \tag{2·74}$$

$$\dot{V}_a \fallingdotseq \frac{3\dot{E}_a}{2} \tag{2·75}$$

2・5 2線地絡

$$\dot{I}_b = \frac{\left\{(a^2-a)+(a^2-1)\dfrac{\dot{Z}_2}{\dot{Z}_0}\right\}\dot{E}_a}{\dot{Z}_1+\dot{Z}_2+\dfrac{\dot{Z}_1\dot{Z}_2}{\dot{Z}_0}}$$

$$= \frac{\left\{(a^2-a)+(a^2-1)\dfrac{\dot{Z}_2}{\dot{Z}_0}\right\}\left(\dot{Z}_1+\dot{Z}_2-\dfrac{\dot{Z}_1\dot{Z}_2}{\dot{Z}_0}\right)\dot{E}_a}{\left(\dot{Z}_1+\dot{Z}_2+\dfrac{\dot{Z}_1\dot{Z}_2}{\dot{Z}_0}\right)\left(\dot{Z}_1+\dot{Z}_2-\dfrac{\dot{Z}_1\dot{Z}_2}{\dot{Z}_0}\right)}$$

$$= \left\{\frac{(a^2-a)(\dot{Z}_1+\dot{Z}_2)+(a^2-1)\dfrac{\dot{Z}_2(\dot{Z}_1+\dot{Z}_2)}{\dot{Z}_0}-(a^2-a)\dfrac{\dot{Z}_1\dot{Z}_2}{\dot{Z}_0}}{(\dot{Z}_1+\dot{Z}_2)^2-\dfrac{\dot{Z}_1^{\,2}\dot{Z}_2^{\,2}}{\dot{Z}_0^{\,2}}}\right.*$$

$$*\left.\frac{-(a^2-1)\dfrac{\dot{Z}_1\dot{Z}_2^{\,2}}{\dot{Z}_0^{\,2}}}{}\right\}\dot{E}_a$$

$$\fallingdotseq \frac{(a^2-a)\dot{E}_a}{(\dot{Z}_1+\dot{Z}_2)}-\frac{3\dot{E}_a}{4\dot{Z}_0}$$

$$= \dot{I}_{b(2LS)}-\frac{\dot{I}_{a(1LG)}}{4} \tag{2・76}$$

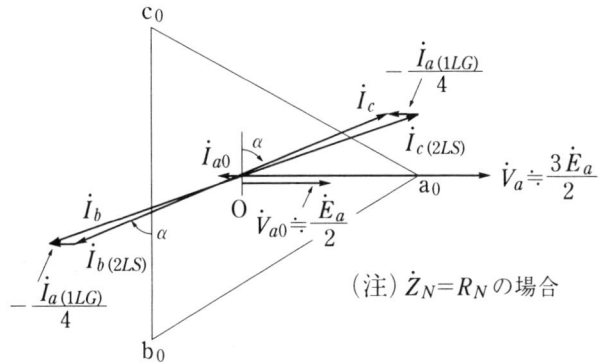

(a) 高抵抗接地系

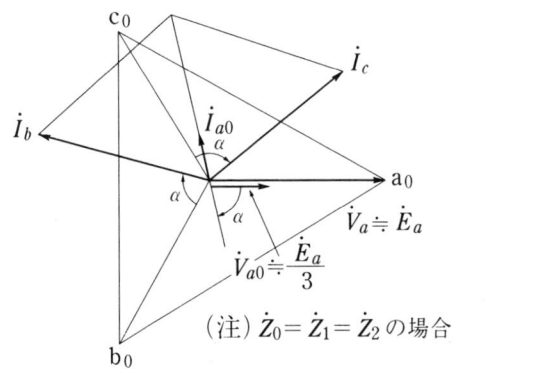

(b) 直接接地系

図 2・9　2線地絡時のベクトル図

同様に

$$\dot{I}_c \fallingdotseq \dot{I}_{c(2LS)} - \frac{\dot{I}_{a(1LG)}}{4} \qquad (2\cdot 77)$$

ここに，$\dot{I}_{b(2LS)}$，$\dot{I}_{c(2LS)}$：b，c相線間短絡時のb，c相電流
　　　　$\dot{I}_{a(1LS)}$：a相1線地絡時のa相電流

これより，次のことがいえる（図2・9(a)）．

(1) a相電圧は故障前の1.5倍程度に上昇する．
(2) 零相電圧・電流は，1線地絡時の1/2程度となる．
(3) b，c相電流はbc相線間短絡電流に，a相1線地絡時電流の$-\frac{1}{4}$倍を加えたものにほぼ等しい．後者は前者に比べて充分小さいので，さらに近似すれば，bc相線間短絡電流に近い．

直接接地　(b) 直接接地の場合　一例として，$\dot{Z}_0 \fallingdotseq \dot{Z}_1 \fallingdotseq \dot{Z}_2$の場合を示せば，次のようになる．

$$\dot{I}_{a0} \fallingdotseq -\frac{\dot{E}_a}{3\dot{Z}_1} \qquad (2\cdot 78)$$

$$\dot{V}_{a0} \fallingdotseq \frac{\dot{E}_a}{3} \qquad (2\cdot 79)$$

$$\dot{V}_a \fallingdotseq \dot{E}_a \qquad (2\cdot 80)$$

$$\dot{I}_b \fallingdotseq \frac{a^2 \dot{E}_a}{\dot{Z}_1} = \dot{I}_{b(3LS)} \qquad (2\cdot 81)$$

$$\dot{I}_c \fallingdotseq \frac{a \dot{E}_a}{\dot{Z}_1} = \dot{I}_{c(3LS)} \qquad (2\cdot 82)$$

したがって，

(1) a相電圧は故障前の値とほとんど変わらない．
(2) 零相電圧・電流の大きさは，1線地絡時の値とほぼ等しい（位相は逆）．
(3) b，c相電流は，三相短絡電流とほぼ等しい（図2・9(b)）．

〔問題3〕〔問題2〕の発電機の二つの接地方式の場合について，発電機端子で2線地絡故障発生直後の電圧・電流を求めよ．

〔解答〕(1) 高抵抗接地の場合　（$\dot{E}_a$を位相基準とする．）

$$\dot{I}_{a0} = \frac{-\dot{Z}_2 E_a}{\dot{Z}_0(\dot{Z}_1+\dot{Z}_2)+\dot{Z}_1\dot{Z}_2}$$

$$= \frac{-j0.25 \times 1.0}{(466.8+j0.1)\times(j0.25+j0.25)+(j0.25)^2}$$

$$= 0.00107 \angle 180° \text{[PU]} = 14.4 \angle 180° \text{[A]}$$

$$\dot{V}_{a0} = \frac{\dot{Z}_2 E_a}{\dot{Z}_1+\dot{Z}_2+\frac{\dot{Z}_1\dot{Z}_2}{\dot{Z}_0}} = \frac{j0.25 \times 1.0}{j0.25+j0.25+\frac{(j0.25)^2}{(466.8+j0.1)}}$$

$$\fallingdotseq 0.5 \angle 0° \text{[PU]} = 4.33 \angle 0° \text{[kV]}$$

$$\dot{V}_a = 3\dot{V}_{a0} = 12.99 \angle 0° \text{[kV]}$$

$$\dot{I}_b = \left\{\frac{(a^2-a)+(a^2-1)\dfrac{\dot{Z}_2}{\dot{Z}_0}}{\dot{Z}_1+\dot{Z}_2+\dfrac{\dot{Z}_1\dot{Z}_2}{\dot{Z}_0}}\right\}\dot{E}_a = \left\{\frac{-j1.732+(-1.5-j0.866)\dfrac{j0.25}{(466.8+j0.1)}}{j0.25+j0.25+\dfrac{(j0.25)^2}{(466.8+j0.1)}}\right\}$$

$$\times 1.0$$

$$\fallingdotseq -3.466 \,[\text{PU}] \fallingdotseq 46\,690\angle 180°\,[\text{A}]$$

$$\dot{I}_c \fallingdotseq 46\,690\angle 0°\,[\text{A}]$$

(2) 直接接地の場合

$$\Delta = \dot{Z}_0\dot{Z}_1 + \dot{Z}_1\dot{Z}_2 + \dot{Z}_2\dot{Z}_0$$
$$= j0.1\times j0.25 + j0.25\times j0.25 + j0.25\times j0.10 = -0.1125$$

$$\dot{I}_{a0} = -\frac{\dot{Z}_2 E_a}{\Delta} = -\frac{j0.25\times 1.0}{(-0.1125)} = j2.222\,[\text{PU}] = 29\,940\angle 90°\,[\text{A}]$$

$$\dot{V}_{a0} = -\dot{Z}_0\dot{I}_{a0} = -j0.1\times j2.222 = 0.2222\,[\text{PU}] = 1.92\angle 0°\,[\text{kV}]$$

$$\dot{V}_a = 3\dot{V}_{a0} = 5.76\angle 0°\,[\text{kV}]$$

$$\dot{I}_b = \frac{E_a}{\Delta}\left\{(a^2-a)\dot{Z}_0 + (a^2-1)\dot{Z}_2\right\}$$
$$= \frac{1.0}{(-0.1125)}\times\left\{-j1.732\times j0.10 + (-1.5-j0.866)\times j0.25\right\}$$
$$= 4.807\angle 136.1°\,[\text{PU}] = 64\,760\angle 136.1°\,[\text{A}]$$

$$\dot{I}_c = 64\,760\angle 43.9°\,[\text{A}]$$

3 故障計算の基礎

3・1 鳳-テブナンの定理

　故障発生前の系統には常時の潮流が流れており，各地点の電圧もそれぞれ異なっている．この状態から，故障発生後の系統各地点の電圧・電流を求める場合，次に述べる鳳-テブナンの定理（Ho - Thevenin's theorem）が，基本的な考え方となる．

　鳳-テブナンの定理；「回路網中の任意の2点間にインピーダンス$\dot{Z}$が接続された場合，そのインピーダンスに流れる電流$\dot{I}$は，インピーダンスを接続する前の2点間の電位差$\dot{V}$を，接続されたインピーダンスと，2点から見た回路網のインピーダンス$\dot{Z}'$との和で除したものである」

$$\dot{I} = \frac{\dot{V}}{\dot{Z} + \dot{Z}'}$$

これは図3・1(a)～(f)にしたがい，次のようにして証明される．

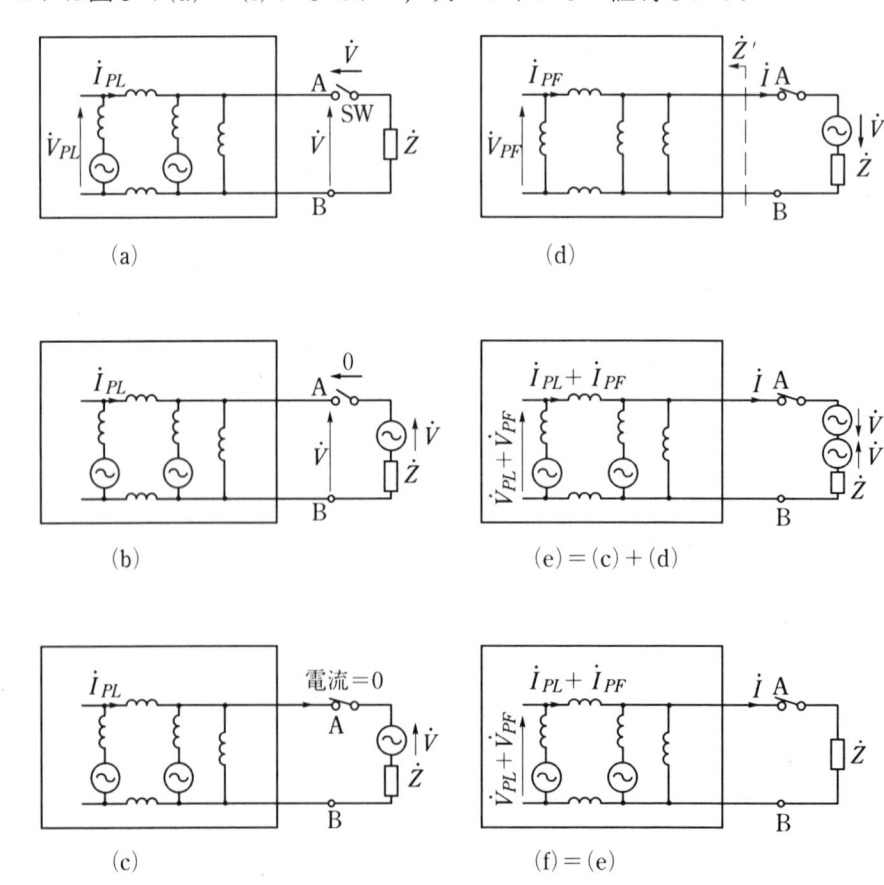

図3・1　鳳-テブナンの定理

(a) インピーダンスと起電力からなる回路網中の2点AB間に，インピーダンス$\dot{Z}$をつないだとき（スイッチSWを入れたとき），これに流れる電流$\dot{I}$を求める問題である．

(b) まず，$\dot{Z}$と直列に起電力$\dot{V}$を挿入すると，SWの両端電圧は0となる．

(c) したがって，この状態でSWを入れても，ここに電流は流れず，回路網各部の電圧・電流には変化はない．

(d) 次に，回路網中の起電力をすべて0として，$\dot{Z}$と直列に(b)と逆方向に$\dot{V}$を挿入した回路を考えると，このとき$\dot{Z}$に流れる電流$\dot{I}$は，

$$\dot{I} = \frac{\dot{V}}{\dot{Z} + \dot{Z}'} \tag{3・1}$$

$\dot{Z}'$：AB端子からみた回路網のインピーダンス

(e) (c)と(d)の電圧・電流分布を重ねると(e)となる．

(f) (e)は，逆方向の二つの$\dot{V}$が打消し合って0となるから，(f)すなわち(a)のSWを入れた場合に等しくなる．

以上より，(f)の電流$\dot{I}$は，(3・1)式によって求められることになる．（証明終）

このことは回路網中の任意の点の電流$\dot{I}_P$についても成り立ち，次のように表わせる．「回路網中の任意の2点（図3・1ではAB）を，インピーダンス$\dot{Z}$で接続したときの各部の電流は，

(1) $\dot{Z}$を接続する前の電流（同図(a)の$\dot{I}_{PL}$）と，

(2) 回路網中の起電力をすべて0とし，その2点間に$\dot{Z}$を接続する前に現れていた電圧$\dot{V}$と$\dot{Z}$を直列に挿入したときの電流（同図(d)の$\dot{I}_{PF}$）とを重ねたものに等しい．」

したがって，(1)の$\dot{I}_{PL}$を故障前電流（常時潮流），(2)の$\dot{I}_{PF}$を故障分電流とすれば，故障時の電流$\dot{I}_P$は，次のように表わせる．

故障電流

$$\dot{I}_P = \dot{I}_{PL} + \dot{I}_{PF} \tag{3・2}$$

または，$\dot{I}_{PF} = \dot{I}_P - \dot{I}_{PL}$ (3・3)

電圧についても同様に

$$\dot{V}_P = \dot{V}_{PL} + \dot{V}_{PF} \tag{3・4}$$

故障分電圧・電流

故障分電圧・電流は，図3・1(d)の回路によって求められるが，これは図3・2(a)

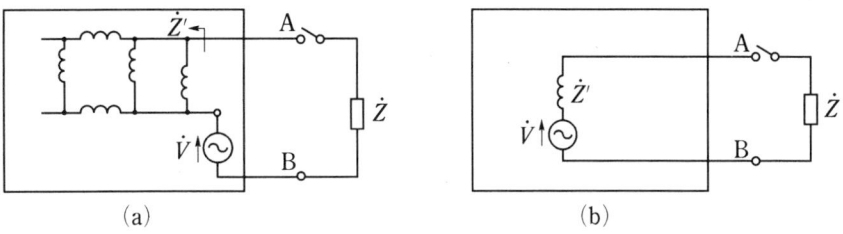

図3・2 故障分電圧・電流の求め方

と等価である．さらにAB端子の外部から回路網を見たときは，同図(b)と等価となる．これより，回路網は，任意の2端子から見たとき，内部インピーダンス$\dot{Z}'$とその端子間電圧$\dot{V}$との直列回路，すなわち等価的な無負荷発電機として表わすことができる．

3 故障計算の基礎

〔問題4〕 図3・3(a)の回路で, SWを投入したときの各部の電圧・電流を求めよ.

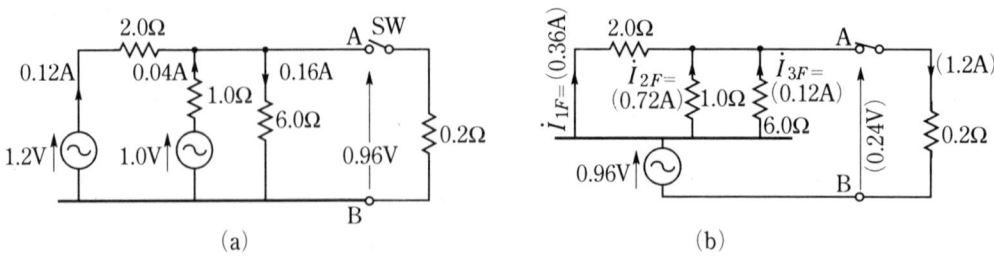

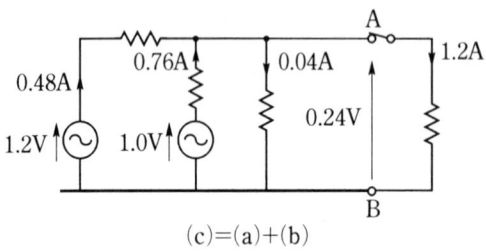

図3・3

〔解答〕 SWの投入による変化分電圧・電流（故障分電圧・電流）の等価回路は, 図3・3(b)となる. 内部インピーダンス$\dot{Z}'$は,

$$\dot{Z}' = \frac{1}{\frac{1}{2.0} + \frac{1}{1.0} + \frac{1}{6.0}} = 0.6 \,[\Omega]$$

故障点電流は

$$\dot{I} = \frac{\dot{V}}{\dot{Z} + \dot{Z}'} = \frac{0.96}{0.2 + 0.6} = 1.2 \,[A]$$

回路網各部の電流分布は,

$$\dot{I}_{1F} = \frac{\frac{1}{2.0}}{\frac{1}{2.0} + \frac{1}{1.0} + \frac{1}{6.0}} \times 1.2 = 0.36 \,[A]$$

同様にして

$$\dot{I}_{2F} = 0.72 \,[A], \quad \dot{I}_{3F} = 0.12 \,[A]$$

AB間電圧は, $0.2 \times 1.2 = 0.24V$, したがって変化分電圧・電流は同図(b)の括弧内の値となり, これと同図(a)を重ねて, SW投入後の電圧・電流は同図(c)となる. 同図(c)の回路を直接解いても同様の結果を得る.

3・2 スター・デルタ変換

3端子回路 　図3・4(a)のように, インピーダンスがデルタに接続された3端子回路と同図(b)のようにスターに接続された3端子回路が, 同じ電圧に対して, 等しい電流を流すと

き，それぞれのインピーダンスの間の関係を求めてみる．

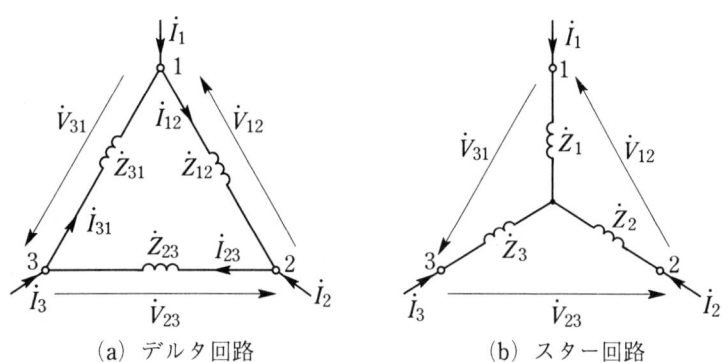

図 3・4　デルタ回路とスター回路

まず同図 (a) では，

$$\left.\begin{array}{l}\dot{V}_{12}=\dot{Z}_{12}\dot{I}_{12}\\ \dot{V}_{23}=\dot{Z}_{23}\dot{I}_{23}\\ \dot{V}_{31}=\dot{Z}_{31}\dot{I}_{31}\end{array}\right\} \quad (3\cdot5)$$

$$\left.\begin{array}{l}\dot{I}_{1}=\dot{I}_{12}-\dot{I}_{31}\\ \dot{I}_{2}=\dot{I}_{23}-\dot{I}_{12}\\ \dot{I}_{3}=\dot{I}_{31}-\dot{I}_{23}\end{array}\right\} \quad (3\cdot6)$$

同図 (b) では，

$$\left.\begin{array}{l}\dot{V}_{12}=\dot{Z}_{1}\dot{I}_{1}-\dot{Z}_{2}\dot{I}_{2}\\ \dot{V}_{23}=\dot{Z}_{2}\dot{I}_{2}-\dot{Z}_{3}\dot{I}_{3}\\ \dot{I}_{1}+\dot{I}_{2}+\dot{I}_{3}=0\end{array}\right\} \quad (3\cdot7)$$

$$\dot{V}_{12}+\dot{V}_{23}+\dot{V}_{31}=0 \quad (3\cdot8)$$

の関係がある．(3・7) 式より

$$\left.\begin{array}{l}\dot{I}_{1}=\dfrac{\dot{V}_{12}(\dot{Z}_{2}+\dot{Z}_{3})+\dot{V}_{23}\dot{Z}_{2}}{\dot{Z}_{1}\dot{Z}_{2}+\dot{Z}_{2}\dot{Z}_{3}+\dot{Z}_{3}\dot{Z}_{1}}\\ \dot{I}_{2}=\dfrac{\dot{V}_{23}\dot{Z}_{1}-\dot{V}_{12}\dot{Z}_{3}}{\dot{Z}_{1}\dot{Z}_{2}+\dot{Z}_{2}\dot{Z}_{3}+\dot{Z}_{3}\dot{Z}_{1}}\\ \dot{I}_{3}=\dfrac{-\dot{V}_{12}\dot{Z}_{2}-\dot{V}_{23}(\dot{Z}_{1}+\dot{Z}_{2})}{\dot{Z}_{1}\dot{Z}_{2}+\dot{Z}_{2}\dot{Z}_{3}+\dot{Z}_{3}\dot{Z}_{1}}\end{array}\right\} \quad (3\cdot9)$$

次に，(3・5) 式を (3・6) 式に代入して

$$\left.\begin{array}{l}\dot{I}_{1}=\dfrac{\dot{V}_{12}}{\dot{Z}_{12}}-\dfrac{\dot{V}_{31}}{\dot{Z}_{31}}\\ \dot{I}_{2}=\dfrac{\dot{V}_{23}}{\dot{Z}_{23}}-\dfrac{\dot{V}_{12}}{\dot{Z}_{12}}\\ \dot{I}_{3}=\dfrac{\dot{V}_{31}}{\dot{Z}_{31}}-\dfrac{\dot{V}_{23}}{\dot{Z}_{23}}\end{array}\right\} \quad (3\cdot10)$$

これに (3・8) 式を代入して

$$\left.\begin{aligned}\dot{I}_1 &= \dot{V}_{12}\left(\frac{1}{\dot{Z}_{12}}+\frac{1}{\dot{Z}_{31}}\right)+\frac{\dot{V}_{23}}{\dot{Z}_{31}} \\ \dot{I}_2 &= \frac{\dot{V}_{23}}{\dot{Z}_{23}}-\frac{\dot{V}_{12}}{\dot{Z}_{12}} \\ \dot{I}_3 &= -\frac{\dot{V}_{12}}{\dot{Z}_{31}}-\dot{V}_{23}\left(\frac{1}{\dot{Z}_{31}}+\frac{1}{\dot{Z}_{23}}\right)\end{aligned}\right\} \quad (3\cdot 11)$$

$(3\cdot 9)$, $(3\cdot 11)$ 式を比較して，次の関係があれば，$\dot{V}_{12}$, $\dot{V}_{23}$ の値にかかわらず図 $3\cdot 4$ (a)(b) の回路は等しい電流を流す．すなわち同図 (a)(b) は等価となる．

$$\left.\begin{aligned}\frac{1}{\dot{Z}_{12}} &= \frac{\dot{Z}_3}{\dot{Z}_1\dot{Z}_2+\dot{Z}_2\dot{Z}_3+\dot{Z}_3\dot{Z}_1} \\ \frac{1}{\dot{Z}_{23}} &= \frac{\dot{Z}_1}{\dot{Z}_1\dot{Z}_2+\dot{Z}_2\dot{Z}_3+\dot{Z}_3\dot{Z}_1} \\ \frac{1}{\dot{Z}_{31}} &= \frac{\dot{Z}_2}{\dot{Z}_1\dot{Z}_2+\dot{Z}_2\dot{Z}_3+\dot{Z}_3\dot{Z}_1}\end{aligned}\right\} \quad (3\cdot 12)$$

また，これより

$$\begin{aligned}\frac{1}{\dot{Z}_{12}\dot{Z}_{23}}+\frac{1}{\dot{Z}_{23}\dot{Z}_{31}}+\frac{1}{\dot{Z}_{31}\dot{Z}_{12}} &= \frac{\dot{Z}_{12}+\dot{Z}_{23}+\dot{Z}_{31}}{\dot{Z}_{12}\dot{Z}_{23}\dot{Z}_{31}} \\ &= \frac{1}{\dot{Z}_1\dot{Z}_2+\dot{Z}_2\dot{Z}_3+\dot{Z}_3\dot{Z}_1}\end{aligned} \quad (3\cdot 13)$$

$(3\cdot 12)$, $(3\cdot 13)$ 式より

$$\left.\begin{aligned}\dot{Z}_1 &= \frac{\dot{Z}_{12}\dot{Z}_{31}}{\dot{Z}_{12}+\dot{Z}_{23}+\dot{Z}_{31}} \\ \dot{Z}_2 &= \frac{\dot{Z}_{12}\dot{Z}_{23}}{\dot{Z}_{12}+\dot{Z}_{23}+\dot{Z}_{31}} \\ \dot{Z}_3 &= \frac{\dot{Z}_{23}\dot{Z}_{31}}{\dot{Z}_{12}+\dot{Z}_{23}+\dot{Z}_{31}}\end{aligned}\right\} \quad (3\cdot 14)^*$$

アドミタンスを用いて

$$\left.\begin{aligned}\dot{Y}_{12} &= \frac{1}{\dot{Z}_{12}} \\ \dot{Y}_{23} &= \frac{1}{\dot{Z}_{23}} \\ \dot{Y}_{31} &= \frac{1}{\dot{Z}_{31}}\end{aligned}\right\} \quad (3\cdot 15)$$

$$\left.\begin{aligned}\dot{Y}_1 &= \frac{1}{\dot{Z}_1} \\ \dot{Y}_2 &= \frac{1}{\dot{Z}_2} \\ \dot{Y}_3 &= \frac{1}{\dot{Z}_3}\end{aligned}\right\} \quad (3\cdot 16)$$

と表わせば，$(3\cdot 12)$ 式は

3·2 スター・デルタ変換

$$\left.\begin{array}{l}\dot{Y}_{12} = \dfrac{\dot{Y}_1 \dot{Y}_2}{\dot{Y}_1 + \dot{Y}_2 + \dot{Y}_3} \\[6pt] \dot{Y}_{23} = \dfrac{\dot{Y}_2 \dot{Y}_3}{\dot{Y}_1 + \dot{Y}_2 + \dot{Y}_3} \\[6pt] \dot{Y}_{31} = \dfrac{\dot{Y}_3 \dot{Y}_1}{\dot{Y}_1 + \dot{Y}_2 + \dot{Y}_3}\end{array}\right\} \qquad (3\cdot17)^*$$

スター・デルタ変換式 となる．$(3\cdot14)(3\cdot17)$ 式が回路のスター・デルタ変換式である．これを記憶に便利なように模型化すると図 $3\cdot5$ となる．

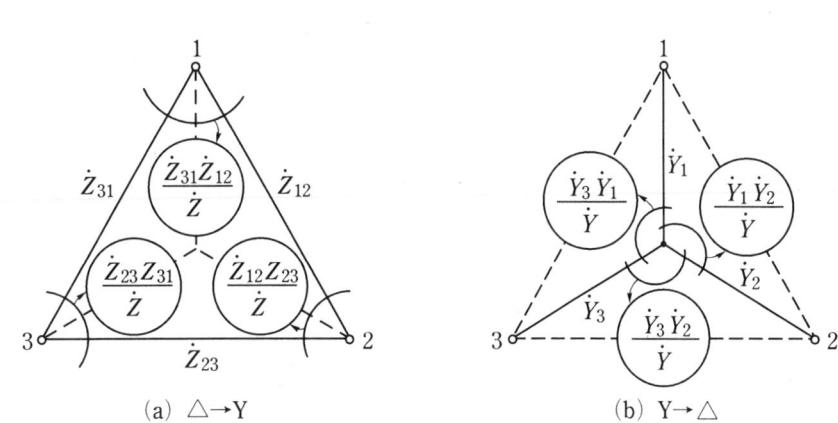

(a) △→Y　　(b) Y→△

図 $3\cdot5$ スター・デルタ変換図

〔問題 5〕 図 $3\cdot6$ の系統で⑤母線から系統側を見た正相リアクタンスを求めよ．

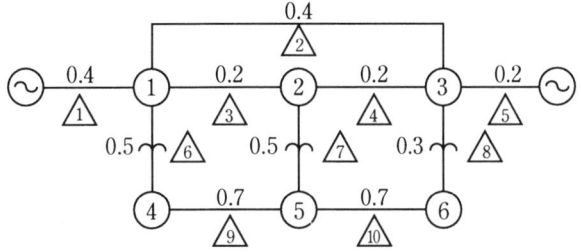

図 $3\cdot6$ 正相リアクタンス図 [PU]

〔解答〕 次のように Y△ 変換を用いてリアクタンスが求められる．

(1) 図 $3\cdot6$ のブランチ △△△ の部分を Y→△ 変換すれば図 $3\cdot7$(d) となる．
(2) したがって原回路は図 $3\cdot8$(a)(b) と等価となる．
(3) 同図の △△△ を △→Y 変換すれば同図(c) と等価となる．
(4) これより⑤母線からみた正相リアクタンスは，同図(d) のようにして，0.4219 [PU] と求まる．

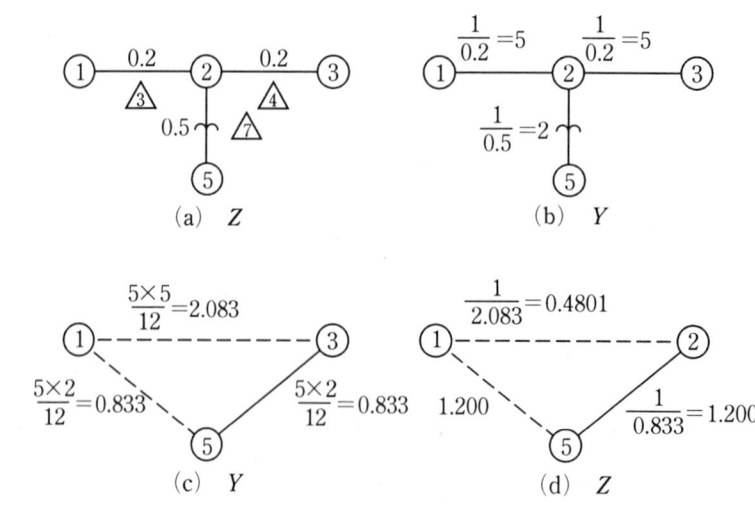

図 3·7　Y→△変換

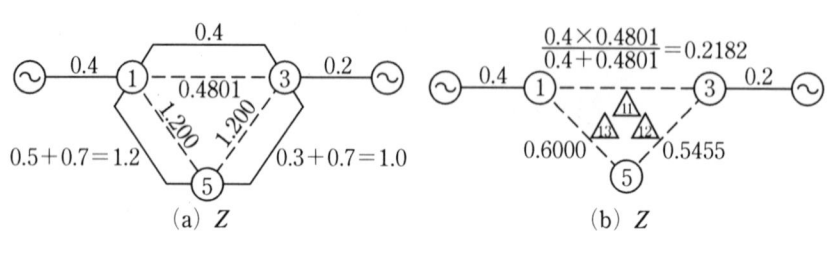

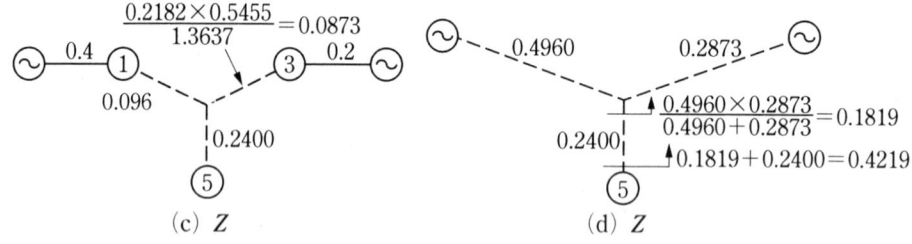

図 3·8　△→Y変換

3·3　故障計算手順

電力系統のある点で故障が発生したときの系統各所の電圧・電流は，鳳-テブナンの定理により，故障点から見た系統を1台の無負荷発電機と考えて，2章と同様にして求めることができる．一般的な系統故障計算手順を，図3·9にしたがって述べると次のとおりとなる．

系統故障計算
手順

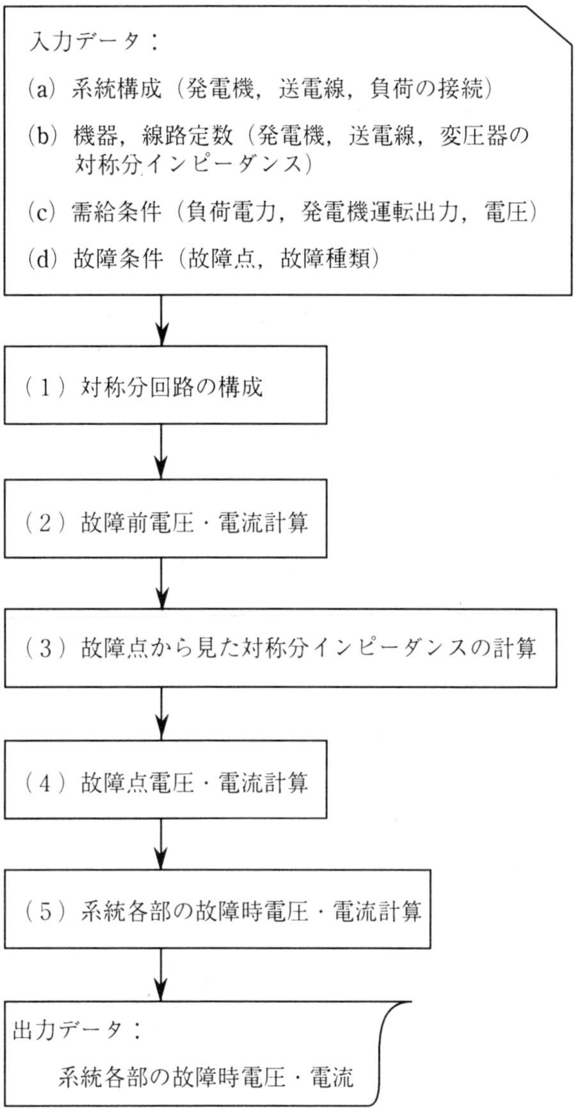

3・3 故障計算手順

```
入力データ：
 (a) 系統構成（発電機，送電線，負荷の接続）
 (b) 機器，線路定数（発電機，送電線，変圧器の
     対称分インピーダンス）
 (c) 需給条件（負荷電力，発電機運転出力，電圧）
 (d) 故障条件（故障点，故障種類）
         ↓
 (1) 対称分回路の構成
         ↓
 (2) 故障前電圧・電流計算
         ↓
 (3) 故障点から見た対称分インピーダンスの計算
         ↓
 (4) 故障点電圧・電流計算
         ↓
 (5) 系統各部の故障時電圧・電流計算
         ↓
 出力データ：
  系統各部の故障時電圧・電流
```

図3・9 系統故障計算フロー図

対称分回路　　(1) **対称分回路の構成**　　電力系統を表わす零相，正相，逆相回路を作成する．系統の中で故障時の電圧・電流分布を求める部分は原系統に忠実に模擬し，その他の部分は，等価インピーダンスで一括表現する．

故障前潮流　　(2) **故障前潮流計算**　　正相回路について，通常の潮流計算手法によって系統各部の故障前電圧・電流，負荷インピーダンスを求める．故障分電圧・電流のみを求める場合は近似的に負荷インピーダンスは無限大とし，各部の電圧はすべて等しいものとして，図3・2(a)のような正相回路を用いる．

(3) **故障点から見たインピーダンスの計算**　　各対称分回路について，故障点から見た対称分インピーダンス$\dot{Z}_0, \dot{Z}_1, \dot{Z}_2$を求める．発電機内部インピーダンスは，故障電圧・電流を求める時点によって次の値を使う．

 (i) 故障発生直後の場合：X_d''
 (ii) 故障発生後数秒程度の場合：X_d'
 (iii) 故障発生後数秒以後の場合：X_d

(4) **故障点電圧・電流の計算**　　故障点から見た系統を1台の無負荷発電機とみなし，図2・1, 2・3, 2・5, 2・8のように，故障種類に応じた対称分回路を構成して，

故障点電圧・電流を求める．

(5) 系統各部の電圧・電流の計算　　各対称分回路について，系統各部の対称分電圧・電流の分布を計算し，これと(2)の故障前潮流を重ねて，故障時の系統各部の電圧・電流を求める．

次に簡単な系統の故障計算例を示すが，多数の発電機や負荷からなる実系統では，上記の一連の計算は電子計算機プログラムによって行われることが多い．

〔問題6〕図3・10の275 kV直接接地系統において，Ⓕ母線の1線地絡故障発生直後の故障電圧・電流を求めよ．

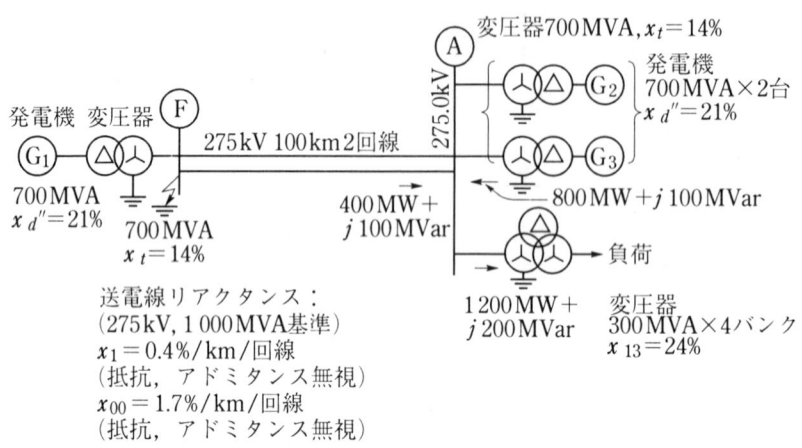

図3・10　系統図

〔解答〕　(1) 対称分回路の構成

275 kV，1 000 MVA基準単位法表示の対称分回路は図3・11となる．

(2) 故障前電圧・電流

Ⓐ母線a相電圧 $\dot{V}_{aA0} = \dfrac{275.0/\sqrt{3}}{275/\sqrt{3}} = 1.0$〔PU〕を位相基準にとれば，故障点のⒻ母線の故障前正相電圧 $\dot{V}_{aF}$ は，送電線の負荷電流 $\dot{I}_L = 0.4 - j0.1$〔PU〕，送電線正相インピーダンス $\dot{Z}_{1l} = j0.2$〔PU〕であるから

$$\dot{V}_{aF} = 1.0 + (0.4 - j0.1) \times j0.2$$
$$= 1.02 + j0.08 = 1.0231 \angle 4.5°〔PU〕$$

(3) 故障点からみた対称分インピーダンス

図3・11について，Ⓕ母線からみた対称分インピーダンス $\dot{Z}_0, \dot{Z}_1, \dot{Z}_2$ は，

$$\dot{Z}_0 = j0.1571$$
$$\dot{Z}_1 = \dot{Z}_2 = 0.0186 + j0.2296$$

(4) 故障点電圧・電流

$$\dot{I}_{a0} = \dot{I}_{a1} = \dot{I}_{a2} = \dfrac{\dot{V}_{aF}}{\dot{Z}_0 + \dot{Z}_1 + \dot{Z}_2}$$
$$= \dfrac{1.02 + j0.08}{j0.1571 + 2 \times (0.0186 + j0.2296)} = 0.2288 - j1.6411〔PU〕$$

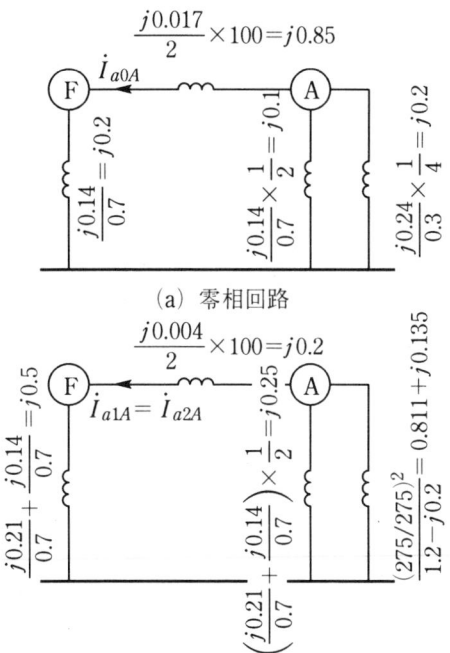

(a) 零相回路

(b) 正相,逆相回路（正相回路の起電力略）　図3・11　対称分回路

$$\dot{V}_{a0} = -\dot{Z}_0 \dot{I}_{a0} = -j\,0.1571 \times (0.2288 - j\,1.6411)$$
$$= -0.2578 - j\,0.0359\,[\text{PU}]$$
$$\dot{V}_{a1} = \dot{V}_{aF} - \dot{Z}_1 \dot{I}_{a1}$$
$$= 1.02 + j\,0.08 - (0.0186 + j\,0.2296) \times (0.2288 - j\,1.6411)$$
$$= 1.02 + j\,0.08 - (0.3811 + j\,0.0220)$$
$$= 0.6389 + j\,0.0580\,[\text{PU}]$$
$$\dot{V}_{a2} = -\dot{Z}_2 \dot{I}_{a2} = -0.3811 - j\,0.0220\,[\text{PU}]$$

$$\dot{I}_a = 3\dot{I}_{a0} = 0.6864 - j\,4.9233$$
$$= 4.9709 \angle -82°\,[\text{PU}]$$

$$\dot{V}_a = \dot{V}_{a0} + \dot{V}_{a1} + \dot{V}_{a2} = 0$$
$$\dot{V}_b = \dot{V}_{a0} + a^2\dot{V}_{a1} + a\dot{V}_{a2}$$
$$= -0.2578 - j\,0.0359 + (-0.5 - j\,0.866) \times (0.6389 + j\,0.0580)$$
$$+ (-0.5 + j\,0.866) \times (-0.3811 - j\,0.0220)$$
$$= -0.3174 - j\,0.9372 = 0.9895 \angle 251.3°\,[\text{PU}]$$
$$\dot{V}_c = \dot{V}_{a0} + a\dot{V}_{a1} + a^2\dot{V}_{a2}$$
$$= -0.4560 + j\,0.8294 = 0.9465 \angle 118.8°\,[\text{PU}]$$

(5) 系統各部の故障時電圧・電流

送電線から故障点に流入する故障分電流は，

3　故障計算の基礎

$$\dot{I}_{a0A} = (0.2288 - j1.6411) \times \frac{j0.2}{j0.2 + j0.9167}$$
$$= 0.0410 - j0.2939$$
$$\dot{I}_{a1A} = (0.2288 - j1.6411) \times \frac{j0.5}{j0.5 + (0.0629 + j0.4201)}$$
$$= 0.1845 - j0.8792 = \dot{I}_{a2A}$$

送電線の正相電流は，$\dot{I}_{a1A}$ と負荷電流 $\dot{I}_L$ を加えたもので，

$$\dot{I}_{a1A} - \dot{I}_L = 0.1845 - j0.8792 - (0.4 - j0.1)$$
$$= -0.2155 - j0.7792$$

Ⓐ母線の対称分電圧は，Ⓕ母線電圧に線路電圧降下を加えて，

$$\dot{V}_{a0A} = \dot{V}_{a0} + \dot{Z}_{0l}\dot{I}_{a0A}$$
$$= -0.2578 - j0.0359 + j0.85 \times (0.0410 + j0.2939)$$
$$= -0.0080 - j0.0010$$
$$\dot{V}_{a1A} = \dot{V}_{a1} + \dot{Z}_{1l}(\dot{I}_{a1A} - \dot{I}_L)$$
$$= 0.6389 + j0.0580 + j0.2 \times (-0.2155 - j0.7792)$$
$$= 0.7947 + j0.0149$$
$$\dot{V}_{a2A} = \dot{V}_{a2} + \dot{Z}_{2l}\dot{I}_{a2A}$$
$$= -0.3811 - j0.0220 + j0.2 \times (0.1845 - j0.8792)$$
$$= 0.2053 + j0.0149$$

Ⓐ母線の各相電圧は，

$$\dot{V}_{aA} = \dot{V}_{a0A} + \dot{V}_{a1A} + \dot{V}_{a2A}$$
$$= 0.5814 + j0.0288 = 0.5821\angle 2.9°$$
$$\dot{V}_{bA} = \dot{V}_{a0A} + a^2\dot{V}_{a1A} + a\dot{V}_{a2A}$$
$$= -0.3029 - j0.8820 = 0.9326\angle 251.0°$$
$$\dot{V}_{cA} = \dot{V}_{a0A} + a\dot{V}_{a1A} + a^2\dot{V}_{a2A}$$
$$= -0.3027 + j0.8500 = 0.9023\angle 109.6°$$

上記電圧は，$1〔PU〕 = \frac{275}{\sqrt{3}}〔kV〕$，電流は $1〔PU〕 = \frac{1\,000\text{MVA} \times 10^3}{\sqrt{3} \times 275\text{kV}} \fallingdotseq 2100〔A〕$ として〔kV〕，〔A〕単位に換算できる．これらをベクトル表示すれば図3・12となる．

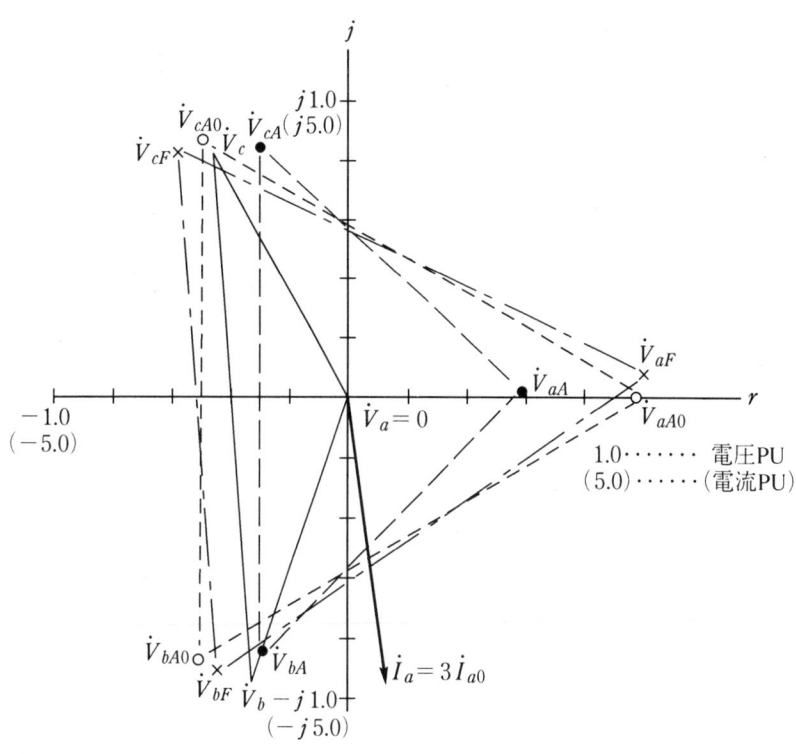

図 3·12　1線地絡時の電圧・電流ベクトル図例

3·4　短絡時の系統電圧変化

(1) 短絡時の電圧分布

図 3·13(a)のように，無負荷発電機に変圧器（リアクタンス x_t），送電線（同 x_l）が接続されているとき，抵抗分，故障前潮流を無視して，①点三相短絡時の電圧分布を調べる．故障前電圧を 1〔PU〕とすれば，故障前電圧は各点とも等しく同図(b)，三相短絡直後の電圧分布は同図(c)となる．この図は横軸に各部分の単位法または%リアクタンスに等しい長さをとり，縦軸に故障時の電圧をとってある．故障直後は，発電機 x_d'' 背後の④点の電圧 E_a は故障前とは変らず 1〔PU〕，故障点①では零であるから，各点の電圧は①と④を結んだ直線上に分布する．たとえば，②の電圧 $V_2=\overline{②②'}$ は，△①②②′∞△①④④′ であるから，

$$\frac{V_2}{E_a}=\frac{\overline{②②'}}{\overline{④④'}}=\frac{\overline{①②'}}{\overline{①④'}}=\frac{x_l}{x_l+x_t+x_d''} \qquad (3\cdot18)$$

$$V_2=\frac{x_l E_a}{x_l+x_t+x_d''} \qquad (3\cdot19)$$

また，故障前後の各点の電圧変化分 ΔV の分布は同図(c)の △①①″④ で表わせる．たとえば②点の電圧変化分 ΔV_2 は，

3 故障計算の基礎

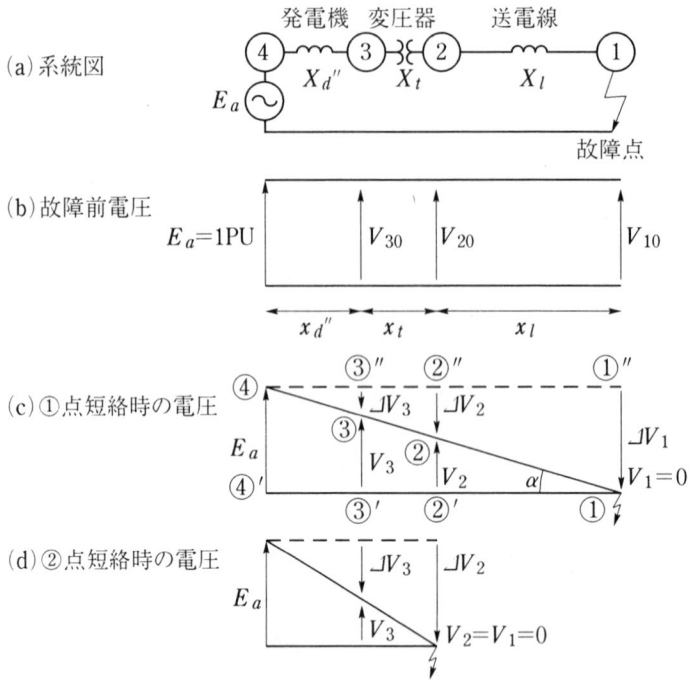

図3・13 短絡直後の電圧分布

$$\Delta V_2 = E_a - V_2 = \frac{(x_t + x_d'')E_a}{x_l + x_t + x_d} \tag{3・20}$$

故障点電流 I_{a1} は，

$$I_{a1} = \frac{E_a}{x_l + x_t + x_d''} \tag{3・21}$$

$\alpha = \angle ④①④'$ とし，E_a，x を単位法で表わせば，(3・21)式は，$\tan \alpha$ に等しい．

$$I_{a1} = \tan \alpha \tag{3・22}$$

短絡電流 すなわち直線 $\overline{①④}$ の傾斜が短絡電流（単位法）に等しい．同様に②点短絡時の電圧分布は同図(d)となる．

電圧分布 短絡後，時間の経過に伴って，発電機等価インピーダンスは $x_d'' \to x_d' \to x_d$ と変るから，これに伴って電圧分布は，図3・14(a)→(b)→(c)と変化する．

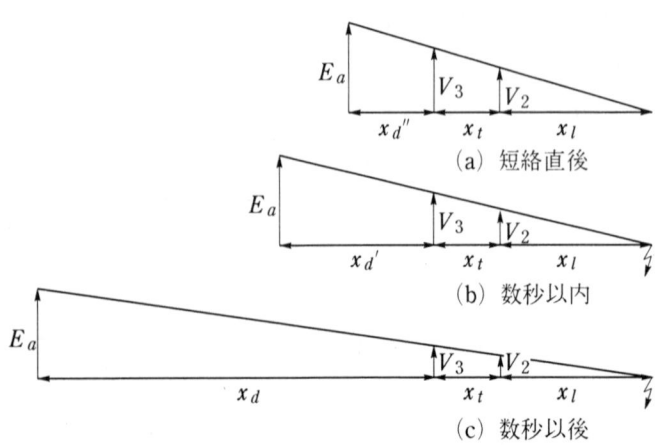

図3・14 短絡後の電圧分布の変化

3・4 短絡時の系統電圧変化

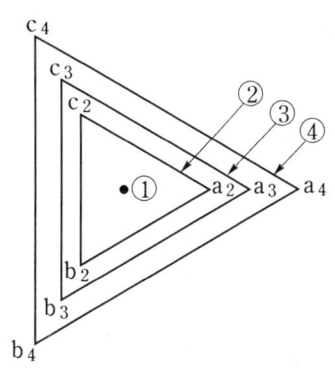

図3・15 三相短絡時の各点電圧ベクトル

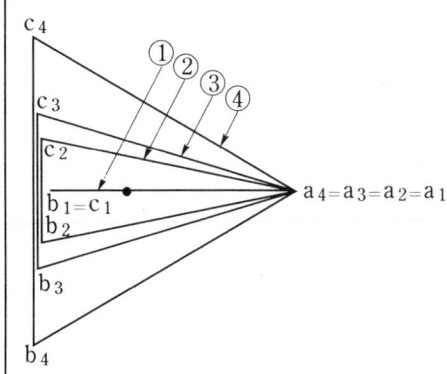

図3・16 線間短絡時の各点電圧ベクトル

三相電圧ベクトル

　①点三相短絡時直後の各点の三相電圧ベクトル図は図3・15，線間短絡時は図3・16となる．発電機の正相，逆相リアクタンスが等しいとすれば，図3・13(c)は，bc線間電圧の分布を示していると考えることもできる．

　図3・17(a)のように故障点の両側に電源がある場合の電圧分布は同図(b)のようになる．多数の発電機からなる一般の系統においても図3・18のような電圧分布図によって，全系の電圧分布を概念的に把握できる．この場合には，図3・13，3・17のように簡単な作図では求まらず，電算機などで各点の電圧を，あらかじめ求めておく必要がある．

両端電源系統

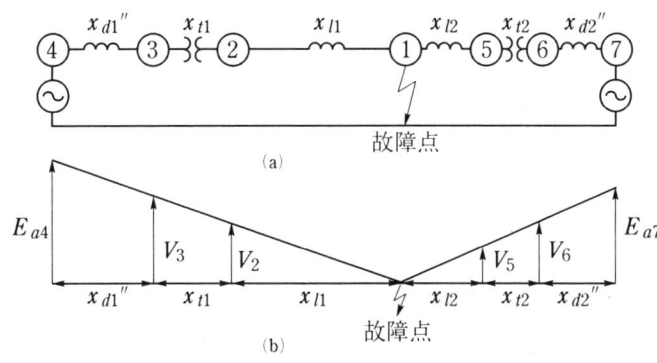

図3・17 両端電源系統の短絡時電圧分布

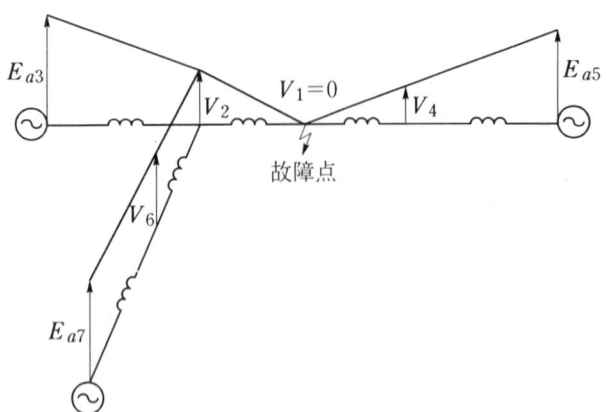

図 3·18 多機系統の短絡時電圧分布図

3·5 短絡容量と電圧変化

短絡容量　　三相短絡電流を I_s,短絡点の短絡前線間電圧を V とするとき,その点の短絡容量 (Short circuit capacity) S は,次式によって求められる.

$$S = \sqrt{3}\,V\,[\text{kV}]\,I_s\,[\text{A}] \quad [\text{kVA}]$$
$$= \sqrt{3}\,V\,[\text{kV}]\,I_s\,[\text{kA}] \quad [\text{MVA}] \tag{3·23}$$

故障点から系統側をみた正相リアクタンスを x とし,抵抗分を無視すれば,

$$I_s = \frac{V[\text{kV}]}{\sqrt{3}\,x[\Omega]} \quad [\text{kA}] \tag{3·24}$$

であるから

$$S = \sqrt{3}\,V\,[\text{kV}]\left(\frac{V[\text{kV}]}{\sqrt{3}\,x\,[\Omega]}\right) = \frac{(V[\text{kV}])^2}{x\,[\Omega]} \quad [\text{MVA}] \tag{3·25}$$

$W_B\,[\text{MVA}]$, $V_B\,[\text{kV}]$ 基準の単位法で表わせば,

$$x\,[\text{PU}] = \frac{x[\Omega]\,W_B[\text{MVA}]}{(V_B[\text{kV}])^2} \tag{3·26}$$

$$\therefore\quad S = (V[\text{kV}])^2\,\frac{W_B\,[\text{MVA}]}{x\,[\text{PU}]\,(V_B[\text{kV}])^2} = \left(\frac{V[\text{kV}]}{V_B[\text{kV}]}\right)^2\frac{W_B[\text{MVA}]}{x\,[\text{PU}]}\,[\text{MVA}] \tag{3·27}$$

$$S\,[\text{PU}] = \frac{S\,[\text{MVA}]}{W_B[\text{MVA}]} = \left(\frac{V[\text{kV}]}{V_B[\text{kV}]}\right)^2\frac{1}{x[\text{PU}]} = \frac{(V[\text{PU}])^2}{x[\text{PU}]} \tag{3·28}$$

$V = V_B$,すなわち $V = 1\,[\text{PU}]$ のときは,

$$S[\text{PU}] = \frac{1}{x\,[\text{PU}]} \tag{3·29*}$$

したがって,単位法では,短絡容量は系統の正相リアクタンスの逆数に等しい.たとえば,定格容量500MVAの発電機の正相リアクタンスが20％＝0.2PUのとき,こ

－32－

3·5 短絡容量と電圧変化

の発電機端子の短絡容量（発電機から供給される分）は，次のように求まる．

$$S = \frac{1}{x \,[\text{PU}]} = \frac{1}{0.2} = 5.0\,[\text{PU}] = 500 \times 5.0 = 2\,500\,[\text{MVA}] \tag{3·30}$$

電圧降下 図3·19のように，P点の短絡容量がSのとき，P点から一定リアクタンスx_lだけ離れたF点三相短絡時のP点の電圧降下ΔV_Pは，

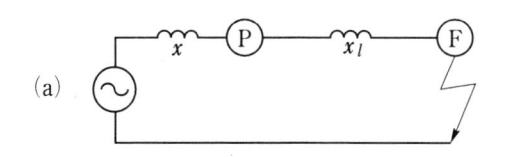

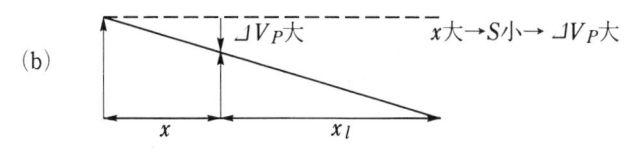

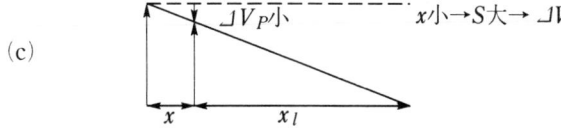

(a) 回路図：電源 — x — P — x_l — F

(b) ΔV_P大　　x大→S小→ΔV_P大

(c) ΔV_P小　　x小→S大→ΔV_P小

図3·19　短絡容量と電圧低下

$$\Delta V_P = \left(1 - \frac{x_l}{x + x_l}\right)V = \frac{x V}{x + x_l} \tag{3·31}$$

ここに，$x = \dfrac{1}{S\,[\text{PU}]}\,[\text{PU}]$，$x_l \gg x$のときは，

$$\Delta V_P \fallingdotseq \frac{x V}{x_l} = \frac{V}{x_l\,[\text{PU}]\,S\,[\text{PU}]} \tag{3·32}$$

無限大母線　**電圧維持能力**　となり，P点の電圧降下は，短絡容量にほぼ反比例する．$S = \infty$の母線（無限大母線と呼ばれる）は，あるインピーダンス（$\neq 0$）を通して短絡したときの電圧降下が零である．したがって，短絡容量は，その点の電圧維持能力を表わす指標と考えることもできる．

4　故障点抵抗のある故障計算

4・1　故障点抵抗の取扱い

　これまでの故障計算は，a−b相間を直接きわめて太い金属導体で短絡したような，故障点抵抗が零の場合を考えてきた．実際の故障点には，アーク抵抗や鉄塔の塔脚接地抵抗があり，樹木接触のような場合には，きわめて高い抵抗を通して地絡を生ずる微地絡現象を生ずる．

　故障点抵抗がある場合には，図4・1のように，故障点fの端子a，b，c，eに直列に各相故障点抵抗R_F，R_eを接続し，その先の仮想故障点f′の端子a′，b′，c′，e′における故障を考えればよい．

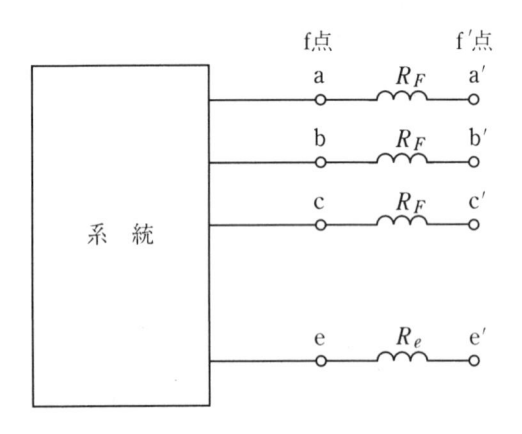

微地絡現象
故障点抵抗

図4・1　故障点抵抗

以下に故障点がある場合の故障計算式を示す．（表4・1）

4・2　故障点抵抗のある故障計算式

三相短絡

（1）三相短絡

　f′点からみた正相インピーダンスは，$\dot{Z}_1 + R_F$となるから，故障点の正相電流$\dot{I}_{a1}$は，(2・11)式より

$$\dot{I}_{a1} = \frac{\dot{E}_a}{\dot{Z}_1 + R_F} \tag{4・1}$$

各相電流は，$\dot{I}_a = \dot{I}_{a1}$，$\dot{I}_b = a^2 \dot{I}_{a1}$，$\dot{I}_c = a \dot{I}_{a1}$となる．

4・2 故障点抵抗のある故障計算式

表 4・1 故障点抵抗のある故障計算

	三 相 回 路	対 称 分 回 路 構 成
三相短絡		
線間短絡		
1線地絡		
2線地絡		

線間短絡

(2) 線間短絡

bc相線間短絡時は，(2・21)～(2・27)式において，$\dot{Z}_1 \to \dot{Z}_1 + R_F$，$\dot{Z}_2 \to \dot{Z}_2 + R_F$ として，

$$\dot{I}_{a1} = -\dot{I}_{a2} = \frac{\dot{E}_a}{\dot{Z}_1 + \dot{Z}_2 + 2R_F} \tag{4·2}$$

$$\dot{V}_{a1}' = \dot{V}_{a2}' = \frac{(\dot{Z}_2 + R_F)\dot{E}_a}{\dot{Z}_1 + \dot{Z}_2 + 2R_F} \tag{4·3}$$

$$\dot{V}_a' = \frac{2(\dot{Z}_2 + R_F)\dot{E}_a}{\dot{Z}_1 + \dot{Z}_2 + 2R_F} \tag{4·4}$$

$$\dot{V}_b' = \dot{V}_c' = -\frac{(\dot{Z}_2 + R_F)\dot{E}_a}{\dot{Z}_1 + \dot{Z}_2 + 2R_F} \tag{4·5}$$

$$\dot{I}_b = -\dot{I}_c = \frac{\dot{E}_{bc}}{\dot{Z}_1 + \dot{Z}_2 + 2R_F} \tag{4·6}$$

1線地絡

(3) 1線地絡

a相1線地絡時は，(2·41)～(2·47)式において，$\dot{Z}_0 \to \dot{Z}_0 + R_F$（図4·1の$R_e = 0$），$\dot{Z}_1 \to \dot{Z}_1 + R_F$, $\dot{Z}_2 \to \dot{Z}_2 + R_F$として

$$\dot{I}_{a0} = \dot{I}_{a1} = \dot{I}_{a2} = \frac{\dot{E}_a}{\dot{Z}_0 + \dot{Z}_1 + \dot{Z}_2 + 3R_F} \tag{4·7}$$

$$\dot{V}_{a0}' = -\frac{(\dot{Z}_0 + R_F)\dot{E}_a}{\dot{Z}_0 + \dot{Z}_1 + \dot{Z}_2 + 3R_F} \tag{4·8}$$

$$\dot{V}_{a1}' = -\frac{(\dot{Z}_0 + \dot{Z}_2 + 2R_F)\dot{E}_a}{\dot{Z}_0 + \dot{Z}_1 + \dot{Z}_2 + 3R_F} \tag{4·9}$$

$$\dot{V}_{a2}' = -\frac{(\dot{Z}_2 + R_F)\dot{E}_a}{\dot{Z}_0 + \dot{Z}_1 + \dot{Z}_2 + 3R_F} \tag{4·10}$$

$$\dot{V}_b' = \left\{\frac{(a^2-1)(\dot{Z}_0 + R_F) + (a^2-a)(\dot{Z}_2 + R_F)}{\dot{Z}_0 + \dot{Z}_1 + \dot{Z}_2 + 3R_F}\right\}\dot{E}_a \tag{4·11}$$

$$\dot{V}_c' = \left\{\frac{(a-1)(\dot{Z}_0 + R_F) + (a-a^2)(\dot{Z}_2 + R_F)}{\dot{Z}_0 + \dot{Z}_1 + \dot{Z}_2 + 3R_F}\right\}\dot{E}_a \tag{4·12}$$

2線地絡

(4) 2線地絡

b, c相2線地絡時は，(2·66)～(2·72)式において，$\dot{Z}_0 \to \dot{Z}_0 + R_F + 3R_e$, $\dot{Z}_1 \to \dot{Z}_1 + R_F$, $\dot{Z}_2 \to \dot{Z}_2 + R_F$として

$$\dot{I}_{a0} = -\frac{\dot{E}_a}{\Delta}(\dot{Z}_2 + R_F) \tag{4·13}$$

$$\dot{I}_{a1} = \frac{\dot{E}_a}{\Delta}(\dot{Z}_0 + \dot{Z}_2 + 2R_F + 3R_e) \tag{4·14}$$

$$\dot{I}_{a2} = -\frac{\dot{E}_a}{\Delta}(\dot{Z}_0 + R_F + 3R_e) \tag{4·15}$$

$$\dot{V}_{a0}' = \dot{V}_{a1}' = \dot{V}_{a2}' = \frac{\dot{E}_a}{\Delta}(\dot{Z}_0 + R_F + 3R_e)(\dot{Z}_2 + R_F) \tag{4·16}$$

4・2 故障点抵抗のある故障計算式

$$\dot{I}_b = \frac{\dot{E}_a}{\Delta}\{(a^2-a)(\dot{Z}_0+R_F+3R_e)+(a^2-1)(\dot{Z}_2+R_F)\} \quad (4\cdot17)$$

$$\dot{I}_c = \frac{\dot{E}_a}{\Delta}\{(a-a^2)(\dot{Z}_0+R_F+3R_e)+(a-1)(\dot{Z}_2+R_F)\} \quad (4\cdot18)$$

ここに

$$\Delta = (\dot{Z}_0+R_F+3R_e)(\dot{Z}_1+R_F)+(\dot{Z}_1+\dot{Z}_F)(\dot{Z}_2+R_F)$$
$$+(\dot{Z}_2+R_F)(\dot{Z}_0+R_F+3R_e) \quad (4\cdot19)$$

5　断線故障計算

5・1　断線点の電圧・電流基本式

　図5・1のように，断線点のA系統側各相電圧を$\dot{V}_{aA}$, $\dot{V}_{bA}$, $\dot{V}_{cA}$，B系統側各相電

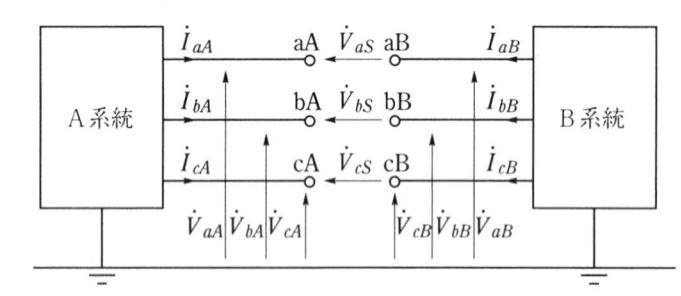

図5・1　断線点の各相電圧・電流

圧を$\dot{V}_{aB}$, $\dot{V}_{bB}$, $\dot{V}_{cB}$とすれば，それぞれの対称成分は，

$$\left.\begin{aligned}\dot{V}_{a0A} &= \frac{1}{3}(\dot{V}_{aA} + \dot{V}_{bA} + \dot{V}_{cA}) \\ \dot{V}_{a1A} &= \frac{1}{3}(\dot{V}_{aA} + a\dot{V}_{bA} + a^2\dot{V}_{cA}) \\ \dot{V}_{a2A} &= \frac{1}{3}(\dot{V}_{aA} + a^2\dot{V}_{bA} + a\dot{V}_{cA})\end{aligned}\right\} \quad (5\cdot1)$$

$$\left.\begin{aligned}\dot{V}_{a0B} &= \frac{1}{3}(\dot{V}_{aB} + \dot{V}_{bB} + \dot{V}_{cB}) \\ \dot{V}_{a1B} &= \frac{1}{3}(\dot{V}_{aB} + a\dot{V}_{bB} + a^2\dot{V}_{cB}) \\ \dot{V}_{a2B} &= \frac{1}{3}(\dot{V}_{aB} + a^2\dot{V}_{bB} + a\dot{V}_{cB})\end{aligned}\right\} \quad (5\cdot2)$$

したがって，各相の電圧差

$$\left.\begin{aligned}\dot{V}_{as} &= \dot{V}_{aA} - \dot{V}_{aB} \\ \dot{V}_{bs} &= \dot{V}_{bA} - \dot{V}_{bB} \\ \dot{V}_{cs} &= \dot{V}_{cA} - \dot{V}_{cB}\end{aligned}\right\} \quad (5\cdot3)$$

の対称成分は次のように表わせる．

$$\left.\begin{aligned}\dot{V}_{a0s} &= \frac{1}{3}(\dot{V}_{as} + \dot{V}_{bs} + \dot{V}_{cs}) = \dot{V}_{a0A} - \dot{V}_{a0B} \\ \dot{V}_{a1s} &= \frac{1}{3}(\dot{V}_{as} + a\dot{V}_{bs} + a^2\dot{V}_{cs}) = \dot{V}_{a1A} - \dot{V}_{a1B} \\ \dot{V}_{a2s} &= \frac{1}{3}(\dot{V}_{as} + a^2\dot{V}_{bs} + a\dot{V}_{cs}) = \dot{V}_{a2A} - \dot{V}_{a2B}\end{aligned}\right\} \quad (5\cdot4)$$

5・1 断線点の電圧・電流基本式

断線点からみた対称分インピーダンス

両側系統の断線点からみた対称分インピーダンスを $\dot{Z}_{0A}, \dot{Z}_{1A}, \dot{Z}_{2A}, \dot{Z}_{0B}, \dot{Z}_{1B}, \dot{Z}_{2B}$ とすれば,

$$\left.\begin{aligned}\dot{V}_{a0A} &= -\dot{Z}_{0A}\dot{I}_{a0A} \\ \dot{V}_{a1A} &= \dot{E}_{a1A} - \dot{Z}_{1A}\dot{I}_{a1A} \\ \dot{V}_{a2A} &= -\dot{Z}_{2A}\dot{I}_{a2A}\end{aligned}\right\} \quad (5\cdot5)$$

$$\left.\begin{aligned}\dot{V}_{a0B} &= -\dot{Z}_{0B}\dot{I}_{a0B} \\ \dot{V}_{a1B} &= \dot{E}_{a1B} - \dot{Z}_{1B}\dot{I}_{a1B} \\ \dot{V}_{a2B} &= -\dot{Z}_{2B}\dot{I}_{a2B}\end{aligned}\right\} \quad (5\cdot6)$$

ここに, $\dot{E}_{a1A}, \dot{E}_{a1B}$ はA, B系統の正相内部電圧である.

断線点の各対称分電流

断線点の各対称分電流については, 図5・2より次の関係がある.

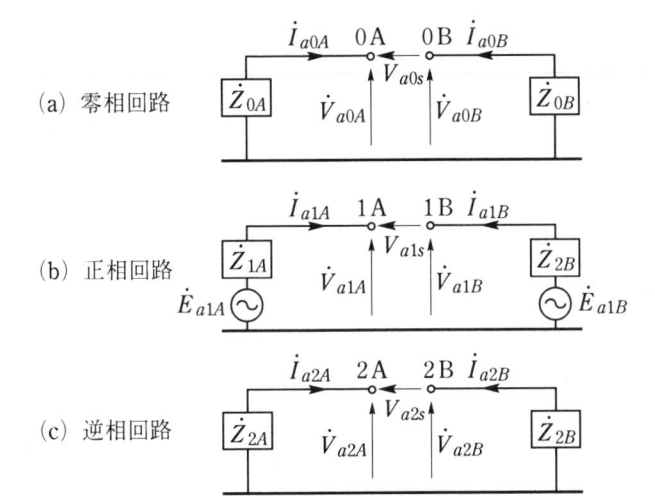

(a) 零相回路

(b) 正相回路

(c) 逆相回路

図5・2 断線点の対称分電圧・電流

$$\left.\begin{aligned}\dot{I}_{a0A} + \dot{I}_{a0B} &= 0 \\ \dot{I}_{a1A} + \dot{I}_{a1B} &= 0 \\ \dot{I}_{a2A} + \dot{I}_{a2B} &= 0\end{aligned}\right\} \quad (5\cdot7)$$

(5・5)〜(5・7)式より

$$\left.\begin{aligned}\dot{V}_{a0A} - \dot{V}_{a0B} &= -\dot{Z}_{0A}\dot{I}_{a0A} + \dot{Z}_{0B}\dot{I}_{a0B} = -(\dot{Z}_{0A} + \dot{Z}_{0B})\dot{I}_{a0A} \\ \dot{V}_{a1A} - \dot{V}_{a1B} &= \dot{E}_{a1A} - \dot{Z}_{1A}\dot{I}_{a1A} - (\dot{E}_{a1B} - \dot{Z}_{1B}\dot{I}_{a1B}) \\ &= (\dot{E}_{a1A} - \dot{E}_{a1B}) - (\dot{Z}_{1A} + \dot{Z}_{1B})\dot{I}_{a1A} \\ \dot{V}_{a2A} - \dot{V}_{a2B} &= -\dot{Z}_{2A}\dot{I}_{a2A} + \dot{Z}_{2B}\dot{I}_{a2B} = -(\dot{Z}_{2A} + \dot{Z}_{2B})\dot{I}_{a2A}\end{aligned}\right\} \quad (5\cdot8)$$

したがって, 断線点からみた対称分直列インピーダンスを

$$\left.\begin{aligned}\dot{Z}_{0s} &= \dot{Z}_{0A} + \dot{Z}_{0B} \\ \dot{Z}_{1s} &= \dot{Z}_{1A} + \dot{Z}_{1B} \\ \dot{Z}_{2s} &= \dot{Z}_{2A} + \dot{Z}_{2B}\end{aligned}\right\} \quad (5\cdot9)$$

直列正相内部電圧を

断線点の電圧・
電流基本式

$$\dot{E}_{a1s} = \dot{E}_{a1A} - \dot{E}_{a1B} \tag{5・10}$$

とおけば，(5・8)〜(5・10)式より次のような断線点の電圧・電流基本式を得る．

$$\left.\begin{array}{l}\dot{V}_{a0s} = -\dot{Z}_{0s}\dot{I}_{a0A} \\ \dot{V}_{a1s} = \dot{E}_{a1s} - \dot{Z}_{1s}\dot{I}_{a1A} \\ \dot{V}_{a2s} = -\dot{Z}_{2s}\dot{I}_{a2A}\end{array}\right\} \tag{5・11}*$$

5・2　1線断線

1線断線

a相1線断線の故障条件は図5・3より

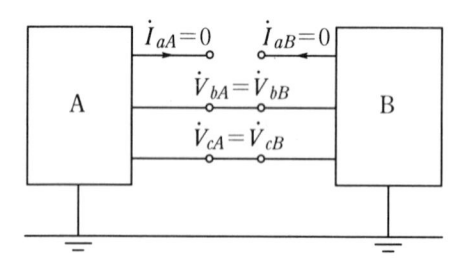

図5・3　a相1線断線

$$\left.\begin{array}{l}\dot{V}_{bs} = \dot{V}_{bA} - \dot{V}_{bB} = 0 \\ \dot{V}_{cs} = \dot{V}_{cA} - \dot{V}_{cB} = 0 \\ \dot{I}_{aA} = \dot{I}_{aB} = 0\end{array}\right\} \tag{5・12}$$

これは，2線地絡時の故障条件と同様の形であり，次のようにして解ける．
第1，2式より

$$\left.\begin{array}{l}\dot{V}_{bs} = \dot{V}_{a0s} + a^2\dot{V}_{a1s} + a\dot{V}_{a2s} = 0 \\ \dot{V}_{cs} = \dot{V}_{a0s} + a\dot{V}_{a1s} + a^2\dot{V}_{a2s} = 0\end{array}\right\} \tag{5・13}$$

$$\dot{V}_{bs} - \dot{V}_{cs} = (a^2 - a)(\dot{V}_{a1s} - \dot{V}_{a2s}) = 0 \tag{5・14}$$

$$\therefore\ \dot{V}_{a1s} = \dot{V}_{a2s} \tag{5・15}$$

$$\dot{V}_{a0s} = -(a^2 + a)\dot{V}_{a1s} = \dot{V}_{a1s} \tag{5・16}$$

$$\therefore\ \dot{V}_{a0s} = \dot{V}_{a1s} = \dot{V}_{a2s} \tag{5・17}$$

(5・11)〜(5・17)式より

$$-\dot{Z}_{0s}\dot{I}_{a0A} = \dot{E}_{a1s} - \dot{Z}_{1s}\dot{I}_{a1A} = -\dot{Z}_{2s}\dot{I}_{a2A} \tag{5・18}$$

$$\left.\begin{array}{l}\dot{I}_{a1A} = \dfrac{\dot{E}_{a1s} + \dot{Z}_{0s}\dot{I}_{a0A}}{\dot{Z}_{1s}} \\ \dot{I}_{a2A} = \dfrac{\dot{Z}_{0s}\dot{I}_{a0A}}{\dot{Z}_{2s}}\end{array}\right\} \tag{5・19}$$

これを(5・12)式の第3式に代入して

$$\dot{I}_{aA} = \dot{I}_{a0A} + \dot{I}_{a1A} + \dot{I}_{a2A}$$
$$= \dot{I}_{a0A} + \frac{\dot{E}_{a1A} + \dot{Z}_{0s}\dot{I}_{a0A}}{\dot{Z}_{1s}} + \frac{\dot{Z}_{0s}\dot{I}_{a0A}}{\dot{Z}_{2s}} = 0 \tag{5・20}$$

$$\left.\begin{array}{l}\dot{I}_{a0A} = -\dfrac{\dot{Z}_{2s}\dot{E}_{a1s}}{\Delta_s} \\[2mm] \dot{I}_{a1A} = \dfrac{\dot{E}_{a1s} - \dfrac{\dot{Z}_{0s}\dot{Z}_{2s}\dot{E}_{a1s}}{\Delta_s}}{\dot{Z}_{1s}} = \dfrac{(\dot{Z}_{0s} + \dot{Z}_{2s})\dot{E}_{a1s}}{\Delta_s} \\[2mm] \dot{I}_{a2A} = \dfrac{\dot{Z}_{0s}\dot{I}_{a0A}}{\dot{Z}_{2s}} = -\dfrac{\dot{Z}_{0s}\dot{E}_{a1s}}{\Delta_s}\end{array}\right\} \tag{5・21}$$

ここに，$\quad \Delta_s = \dot{Z}_{0s}\dot{Z}_{1s} + \dot{Z}_{1s}\dot{Z}_{2s} + \dot{Z}_{2s}\dot{Z}_{0s}$ （5・22）

$$\dot{V}_{a0s} = \dot{V}_{a1s} = \dot{V}_{a2s} = -\dot{Z}_{0s}\dot{I}_{a0A} = \frac{\dot{Z}_{0s}\dot{Z}_{2s}\dot{E}_{a1s}}{\Delta_s} \tag{5・23}$$

$$\dot{V}_{as} = 3\dot{V}_{a0s} = \frac{3\dot{Z}_{0s}\dot{Z}_{2s}\dot{E}_{a1s}}{\Delta_s} \tag{5・24}$$

1線断線時の対称分等価回路

したがって，a相1線断線時の対称分等価回路は図5・4となる．

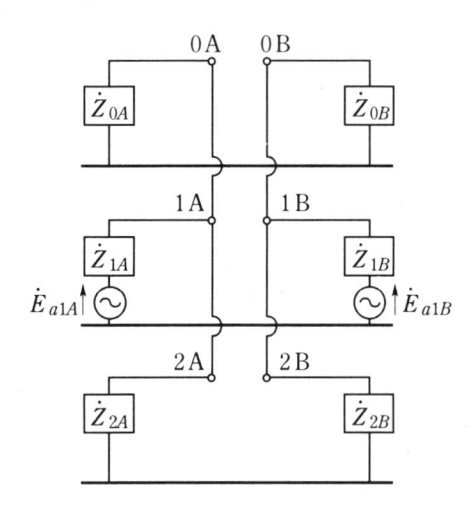

図5・4　a相1線断線等価回路

5・3　2線断線

2線断線

図5・5のように，b, c相2線断線時の故障条件は

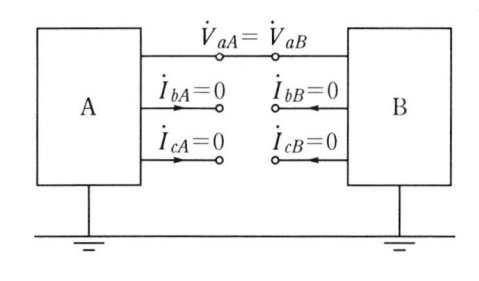

図5・5　bc相2線断線

$$\left.\begin{array}{l}\dot{V}_{as}=0\\ \dot{I}_{bA}=\dot{I}_{bB}=0\\ \dot{I}_{cA}=\dot{I}_{cB}=0\end{array}\right\} \quad (5\cdot 25)$$

これは，1線地絡時の故障条件と同様の形であり，次のようにして解ける．第2，3式より

$$\left.\begin{array}{l}\dot{I}_{bA}=\dot{I}_{a0A}+a^2\dot{I}_{a1A}+a\dot{I}_{a2A}=0\\ \dot{I}_{cA}=\dot{I}_{a0A}+a\dot{I}_{a1A}+a^2\dot{I}_{a2A}=0\end{array}\right\} \quad (5\cdot 26)$$

$$\dot{I}_{bA}-\dot{I}_{cA}=(a^2-a)(\dot{I}_{a1A}-\dot{I}_{a2A})=0 \quad (5\cdot 27)$$

$$\therefore \dot{I}_{a0A}=\dot{I}_{a1A}=\dot{I}_{a2A} \quad (5\cdot 28)$$

(5・25) 式第1式より

$$\begin{aligned}\dot{V}_{as}&=\dot{V}_{0s}+\dot{V}_{1s}+\dot{V}_{2s}\\ &=-\dot{Z}_{0s}\dot{I}_{a0A}+(\dot{E}_{a1s}-\dot{Z}_{1s}\dot{I}_{a1A})-\dot{Z}_{2s}\dot{I}_{a2A}\\ &=\dot{E}_{a1s}-(\dot{Z}_{0s}+\dot{Z}_{1s}+\dot{Z}_{2s})\dot{I}_{a0A}=0\end{aligned} \quad (5\cdot 29)$$

$$\therefore \dot{I}_{a0A}=\dot{I}_{a1A}=\dot{I}_{a2A}=\frac{\dot{E}_{a1s}}{\dot{Z}_{0s}+\dot{Z}_{1s}+\dot{Z}_{2s}} \quad (5\cdot 30)$$

$$\left.\begin{array}{l}\dot{V}_{a0s}=-\dot{Z}_{0s}\dot{I}_{a0A}=-\dfrac{\dot{Z}_{0s}\dot{E}_{a1s}}{\dot{Z}_{0s}+\dot{Z}_{1s}+\dot{Z}_{2s}}\\[2mm] \dot{V}_{a1s}=\dot{E}_{a1s}-\dot{Z}_{1s}\dot{I}_{a1A}=\dfrac{(\dot{Z}_{0s}+\dot{Z}_{2s})\dot{E}_{a1s}}{\dot{Z}_{0s}+\dot{Z}_{1s}+\dot{Z}_{2s}}\\[2mm] \dot{V}_{a2s}=-\dot{Z}_{2s}\dot{I}_{a2A}=-\dfrac{\dot{Z}_{2s}\dot{E}_{a1s}}{\dot{Z}_{0s}+\dot{Z}_{1s}+\dot{Z}_{2s}}\end{array}\right\} \quad (5\cdot 31)$$

$$\left.\begin{array}{l}\dot{V}_{bs}=\dot{V}_{a0s}+a^2\dot{V}_{a1s}+a\dot{V}_{a2s}\\ \quad =\left\{\dfrac{(a^2-1)\dot{Z}_{0s}+(a^2-a)\dot{Z}_{2s}}{\dot{Z}_{0s}+\dot{Z}_{1s}+\dot{Z}_{2s}}\right\}\dot{E}_{a1s}\\[2mm] \dot{V}_{cs}=\dot{V}_{a0s}+a\dot{V}_{a1s}+a^2\dot{V}_{a2s}\\ \quad =\left\{\dfrac{(a-1)\dot{Z}_{0s}+(a-a^2)\dot{Z}_{2s}}{\dot{Z}_{0s}+\dot{Z}_{1s}+\dot{Z}_{2s}}\right\}\dot{E}_{a1s}\\[2mm] \dot{I}_{aA}=3\dot{I}_{a0A}=\dfrac{3\dot{E}_{a1s}}{\dot{Z}_{0s}+\dot{Z}_{1s}+\dot{Z}_{2s}}\end{array}\right\} \quad (5\cdot 32)$$

2線断線時の対称分等価回路　bc相2線断線時の対称分等価回路は，図5・6となる．

5・3 2線断線

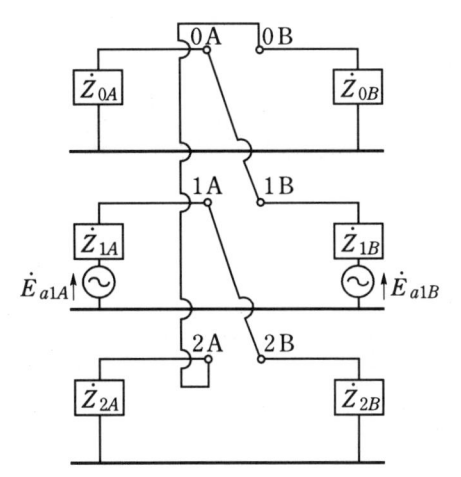

図5・6 bc相2線断線等価回路

6　多重故障計算

6・1　基準相の変換

多重故障計算　送電線の多重雷や塩害時などには，電力系統の異なった2箇所以上の地点で，同時に故障が発生することがある．このような多重故障計算は一般に，上記のような単一故障計算の繰り返しで解くことはできない．それは，これまでの単一故障計算は，すべてa相を基準とした対称分回路を構成しているが，多重故障の場合は，必ずしも**基準相**　a相のみを基準相としては故障条件が組めないからである．

対称分回路　そこで，まずa相基準の対称分回路を，b相またはc相基準の対称分回路に変換する必要がある．各相電圧 $\dot{V}_a, \dot{V}_b, \dot{V}_c$ をa相基準の対称分電圧 $\dot{V}_{a0}, \dot{V}_{a1}, \dot{V}_{a2}$ で表わせば，

$$\left.\begin{array}{l}\dot{V}_a = \dot{V}_{a0} + \dot{V}_{a1} + \dot{V}_{a2} \\ \dot{V}_b = \dot{V}_{a0} + a^2\dot{V}_{a1} + a\dot{V}_{a2} \\ \dot{V}_c = \dot{V}_{a0} + a\dot{V}_{a1} + a^2\dot{V}_{a2}\end{array}\right\} \quad (6\cdot 1)$$

同様に，b相またはc相基準の対称分電圧で表わせば，

$$\left.\begin{array}{l}\dot{V}_a = \dot{V}_{b0} + a\dot{V}_{b1} + a^2\dot{V}_{b2} \\ \dot{V}_b = \dot{V}_{b0} + \dot{V}_{b1} + \dot{V}_{b2} \\ \dot{V}_c = \dot{V}_{b0} + a^2\dot{V}_{b1} + a\dot{V}_{b2}\end{array}\right\} \quad (6\cdot 2)$$

$$\left.\begin{array}{l}\dot{V}_a = \dot{V}_{c0} + a^2\dot{V}_{c1} + a\dot{V}_{c2} \\ \dot{V}_b = \dot{V}_{c0} + a\dot{V}_{c1} + a^2\dot{V}_{c2} \\ \dot{V}_c = \dot{V}_{c0} + \dot{V}_{c1} + \dot{V}_{c2}\end{array}\right\} \quad (6\cdot 3)$$

したがって各対称分電圧の間には次の関係がある．

$$\left.\begin{array}{l}\dot{V}_{a0} = \dot{V}_{b0} = \dot{V}_{c0} \\ \dot{V}_{a1} = a\dot{V}_{b1} = a^2\dot{V}_{c1} \\ \dot{V}_{a2} = a^2\dot{V}_{b2} = a\dot{V}_{c2}\end{array}\right\} \quad (6\cdot 4)$$

零相電圧　すなわち零相電圧は，どの相を基準にとっても変りないが，正相，逆相電圧は基準相のとり方によって，位相が a, a^2 に相当する120°だけ変わることになる．

6・1 基準相の変換

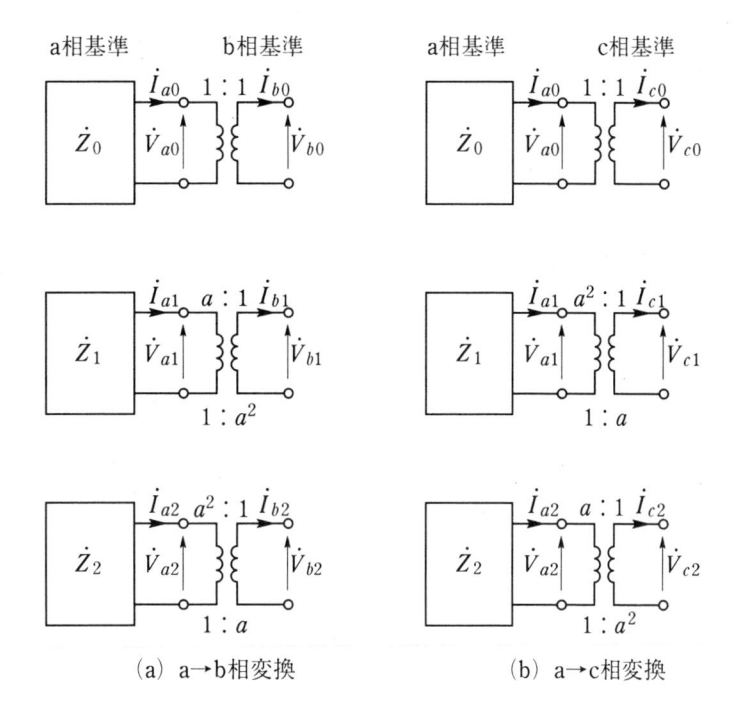

(a) a→b相変換   (b) a→c相変換

図6・1 基準相の変換

移相変圧器　したがって，図6・1のようにa相基準の対称分回路は，$1:1$，$1:a$，$1:a^2$の移相変圧器によって，b相またはc相基準の対称分回路に変換できる．ここで，$1:a=1:1\angle 120°$の移相変圧器は，一次側電圧・電流に対して，二次側電圧・電流の位相を120°進める変圧器であり，$1:a^2=1:1\angle 240°$の移相変圧器は，同じく240°進めるものである．また，$a^3=1$であるから，

$$\left.\begin{array}{l}1:a=a^2:1\\1:a^2=a:1\end{array}\right\} \qquad (6・5)$$

の関係がある．(6・1)～(6・4)式は電流についても同様に成立つから，図6・1の変換は対称分電流についても成立つ．

　これまでの単一故障計算における対称分等価回路の構成は，a相を基準とした，a相1線地絡，bc相線間短絡，bc相2線地絡，a相1線断線，bc相2線断線のみを対象としていたが，基準相を変換してから，同様の等価回路を構成すれば，b相1線地絡や，ab相2線地絡などの故障に対する対称分等価回路を組むことができる．これを図6・2に示す．ただし，3線地絡は，基準相のとり方によらず，図6・3のように各対称分回路を故障点で短絡し，三相短絡は，正相，逆相回路のみを故障点で短絡すればよい．単一故障では3線地絡も三相短絡も正相回路の短絡だけで表わせるが，多重故障時には上記のように零相，逆相回路の短絡も必要となる．

		(b相1線地絡)	(c相1線地絡)
1線地絡	1線地絡	$\dot{Z}_0$ 1:1 $\dot{Z}_1$ 1:a^2 $\dot{Z}_2$ 1:a a相基準　b相基準	$\dot{Z}_0$ 1:1 $\dot{Z}_1$ 1:a $\dot{Z}_2$ 1:a^2 a相基準　c相基準
線間短絡	線間短絡	(ca相線間短絡) $\dot{Z}_1$ 1:a^2 $\dot{Z}_2$ 1:a a相基準　b相基準	(ab相線間短絡) $\dot{Z}_1$ 1:a $\dot{Z}_2$ 1:a^2 a相基準　c相基準
2線地絡	2線地絡	(ca相2線地絡) $\dot{Z}_0$ 1:1 $\dot{Z}_1$ 1:a^2 $\dot{Z}_2$ 1:a a相基準　b相基準	(ab相2線地絡) $\dot{Z}_0$ 1:1 $\dot{Z}_1$ 1:a $\dot{Z}_2$ 1:a^2 a相基準　c相基準
1線断線	1線断線	(b相1線断線) $\dot{Z}_{0A}$ 1:1　1:1 $\dot{Z}_{0B}$ $\dot{Z}_{1A}$ 1:a^2　a^2:1 $\dot{Z}_{1B}$ $\dot{Z}_{2A}$ 1:a　a:1 $\dot{Z}_{2B}$ a相基準　b相基準　a相基準	(c相1線断線) $\dot{Z}_{0A}$ 1:1　1:1 $\dot{Z}_{0B}$ $\dot{Z}_{1A}$ 1:a　a:1 $\dot{Z}_{1B}$ $\dot{Z}_{2A}$ 1:a^2　a^2:1 $\dot{Z}_{2B}$ a相基準　c相基準　a相基準
2線断線	2線断線	(ca相2線断線) $\dot{Z}_{0A}$ 1:1　1:1 $\dot{Z}_{0B}$ $\dot{Z}_{1A}$ 1:a^2　a^2:1 $\dot{Z}_{1B}$ $\dot{Z}_{2A}$ 1:a　a:1 $\dot{Z}_{2B}$ a相基準　b相基準　a相基準	(ab相2線断線) $\dot{Z}_{0A}$ 1:1　1:1 $\dot{Z}_{0B}$ $\dot{Z}_{1A}$ 1:a　a:1 $\dot{Z}_{1B}$ $\dot{Z}_{2A}$ 1:a^2　a^2:1 $\dot{Z}_{2B}$ a相基準　c相基準　a相基準

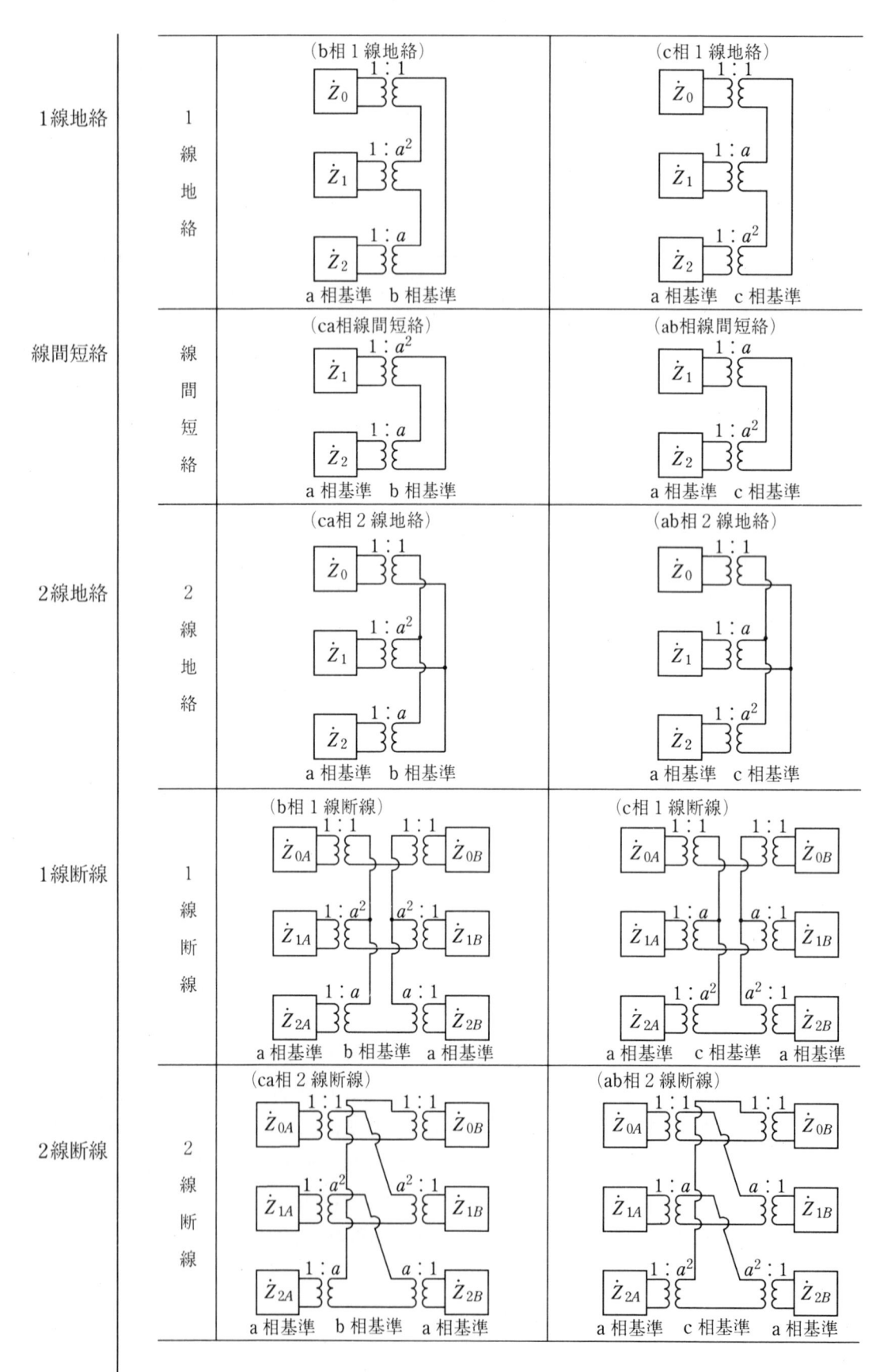

図 6・2　b, c 相基準の故障時等価回路

6・2　対称座標法による多重故障計算

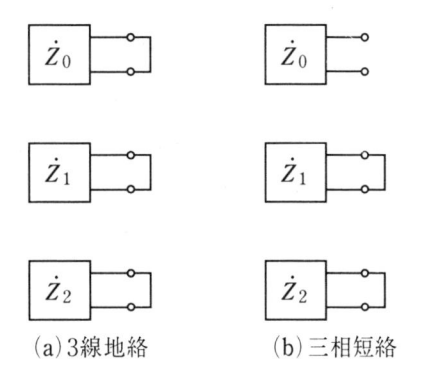

```
    ┌─────┐        ┌─────┐
    │ Ż₀  │──○     │ Ż₀  │──○
    └─────┘        └─────┘

    ┌─────┐        ┌─────┐
    │ Ż₁  │──○     │ Ż₁  │──○
    └─────┘        └─────┘

    ┌─────┐        ┌─────┐
    │ Ż₂  │──○     │ Ż₂  │──○
    └─────┘        └─────┘
    (a) 3線地絡      (b) 三相短絡
```

図6・3　多重故障における3線地絡と三相短絡等価回路

6・2　対称座標法による多重故障計算

2地点同時故障　2地点同時故障の場合は，a相基準の対称分回路を作成し，第1，第2地点の故障条件式を連立方程式として解くことによって求められる．

異相地絡　たとえば，図6・4のようにf_1点a相1線地絡，f_2点b相1線地絡，すなわち異相地絡の場合は，f_1点については，

$$\left.\begin{array}{l}\dot{I}_{a01}=\dot{I}_{a11}=\dot{I}_{a21}\\ \dot{V}_{a01}+\dot{V}_{a11}+\dot{V}_{a12}=0\end{array}\right\} \quad (6\cdot6)$$

$$\left.\begin{array}{l}\dot{V}_{a01}=-\dot{Z}_{011}\dot{I}_{a01}-\dot{Z}_{012}\dot{I}_{a02}\\ \dot{V}_{a11}=\dot{E}_{a1}-\dot{Z}_{111}\dot{I}_{a11}-\dot{Z}_{112}\dot{I}_{a12}\\ \dot{V}_{a21}=-\dot{Z}_{211}\dot{I}_{a21}-\dot{Z}_{212}\dot{I}_{a22}\end{array}\right\} \quad (6\cdot7)$$

ここに，　$\dot{I}_{a01}, \dot{I}_{a11}, \dot{I}_{a21}$：a相を基準とした$f_1$点の対称分電流
　　　　　$\dot{V}_{a01}, \dot{V}_{a11}, \dot{V}_{a21}$：a相を基準とした$f_1$点の対称分電圧
　　　　　$\dot{I}_{a02}, \dot{I}_{a12}, \dot{I}_{a22}$：a相を基準とした$f_2$点の対称分電流
　　　　　$\dot{E}_{a1}$：f_1点の故障前a相電圧
　　　　　$\dot{Z}_{011}, \dot{Z}_{111}, \dot{Z}_{211}$：$f_1$点の対称分駆動点インピーダンス
　　　　　$\dot{Z}_{012}, \dot{Z}_{112}, \dot{Z}_{212}$：$f_1, f_2$点間の対称分伝達インピーダンス

またf_2点については，

$$\left.\begin{array}{l}\dot{I}_{b02}=\dot{I}_{b12}=\dot{I}_{b22}\\ \dot{V}_{b02}+\dot{V}_{b12}+\dot{V}_{b22}=0\end{array}\right\} \quad (6\cdot8)$$

$$\left.\begin{array}{l}\dot{V}_{a02}=-\dot{Z}_{021}\dot{I}_{a01}-\dot{Z}_{022}\dot{I}_{a02}\\ \dot{V}_{a12}=\dot{E}_{a2}-\dot{Z}_{121}\dot{I}_{a11}-\dot{Z}_{122}\dot{I}_{a12}\\ \dot{V}_{a22}=-\dot{Z}_{221}\dot{I}_{a21}-\dot{Z}_{222}\dot{I}_{a22}\end{array}\right\} \quad (6\cdot9)$$

ここに，　$\dot{I}_{b02}, \dot{I}_{b12}, \dot{I}_{b22}$：b相を基準とした$f_2$点の対称分電流

$\dot{V}_{b02}, \dot{V}_{b12}, \dot{V}_{b22}$：b相を基準とした$f_2$点の対称分電圧

$\dot{E}_{a2}$：f_2点の故障前a相電圧

$\dot{Z}_{022}, \dot{Z}_{122}, \dot{Z}_{222}$：$f_2$点の対称分駆動点インピーダンス

$\dot{Z}_{021}, \dot{Z}_{121}, \dot{Z}_{221}$：$f_2, f_1$点間の対称分伝達インピーダンスで，それぞれ $\dot{Z}_{012}, \dot{Z}_{112}, \dot{Z}_{212}$に等しい

$(6 \cdot 8)$式はa相基準で表わせば$(6 \cdot 4)$式より

$$\left. \begin{array}{l} \dot{I}_{a02} = a^2 \dot{I}_{a12} = a \dot{I}_{a22} \\ \dot{V}_{a02} + a^2 \dot{V}_{a12} + a \dot{V}_{a23} = 0 \end{array} \right\} \quad (6 \cdot 10)$$

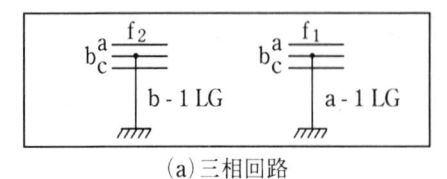

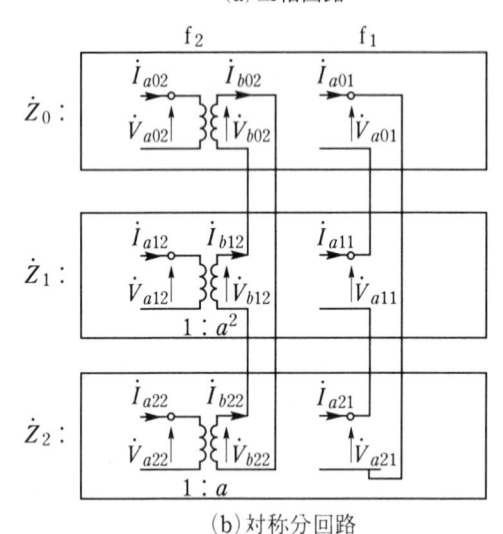

(a) 三相回路

(b) 対称分回路　　図 $6 \cdot 4$　a, b相異相地絡時の等価回路

$(6 \cdot 6), (6 \cdot 7), (6 \cdot 9), (6 \cdot 10)$の12個の式を連立して解けば，$f_1, f_2$点の対称分電圧・電流の計12個の未知数を求めることができる．

各点の故障が，a-1LG, bc-2LS, bc-2LG または3LGなどのように，a相基準の対称分回路で構成できる場合は，基準相の変換は不要である．

n地点同時故障　同様にして，一般に$f_1, f_2, f_3, \cdots, f_n$の$n$地点同時故障では，各故障点について6個ずつ合計$6n$個の複素連立一次方程式を解いて，各故障点ごとに6個，合計$6n$個の対称分電圧・電流を求めることができる．

〔問題7〕図$6 \cdot 5$のように定格容量200 MVA, $x_1 = x_2 = 20\%$の無負荷発電機に，同じく200 MVA, $x_{12} = 10\%$の変圧器を通して，154 kV, 100 km 1回線送電線が接続される系統において，送電線の両端f_1, f_2点でa, b相異相地絡が発生したときの故障電圧・電流を求めよ．ただし，故障点の故障前電圧は154.0 kV，送電線の正相，零相リアクタンスは，$x_{1l} = 1.8$〔% on 1 000 MVA/km〕, $x_{0l} = 5.0$〔% on 1 000 MVA/km〕, 中性点接地抵抗は890 Ωとし，送電線の抵抗分，静電容量は無視する．

6·2 対称座標法による多重故障計算

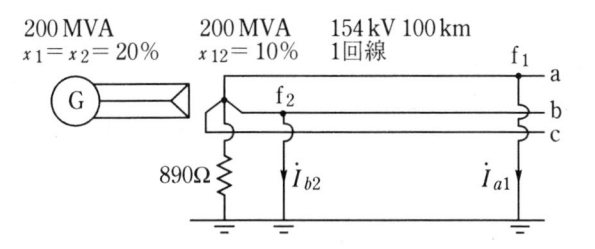

図6·5 a,b相異相地絡例

〔解答〕154 kV, 1 000 MVA基準単位法では, 中性点抵抗の零相インピーダンスは

$$R_N = 890\,[\Omega] \times 3 \times \frac{1000\text{MVA}}{(154\text{kV})^2} = 112.6\,[\text{PU}]$$

発電機, 変圧器リアクタンスは

$$x_1 = x_2 = 20\% \times \frac{1000\text{MVA}}{200\text{MVA}} \times \frac{1}{100} = 1.0\,[\text{PU}]$$

$$x_{12} = 10\% \times \frac{1000}{200} \times \frac{1}{100} = 0.5\,[\text{PU}]$$

送電線リアクタンスは

$$X_{1l} = 1.8\,[\%/\text{km}] \times 100\text{km} \times \frac{1}{100} = 1.8\,[\text{PU}/100\text{km}]$$

$$X_{0l} = 5.0\,[\text{PU}/100\text{km}]$$

したがって対称分回路は図6·6となり, これより各故障点の対称分インピーダンスは,

$$\dot{Z}_{011} = 112.6 + j5.5$$
$$\dot{Z}_{012} = 112.6 + j0.5 = \dot{Z}_{021}$$
$$\dot{Z}_{022} = 112.6 + j0.5$$
$$\dot{Z}_{111} = \dot{Z}_{211} = j3.3$$
$$\dot{Z}_{112} = \dot{Z}_{211} = j1.5 = \dot{Z}_{121} = \dot{Z}_{221}$$
$$\dot{Z}_{122} = \dot{Z}_{222} = j1.5$$

故障点の故障前電圧は, $\dot{E}_{a1} = \dot{E}_{a2} = 1.0\,[\text{PU}]$, これらを(6·6)~(6·10)式に代入して次式を得る.

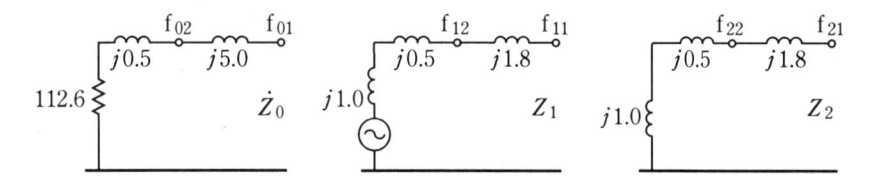

図6·6 対称分回路

$$\left.\begin{aligned}
&\dot{V}_{a01} = -(112.6+j5.5)\dot{I}_{a01} - (112.6+j0.5)\dot{I}_{a02} \\
&\dot{V}_{a11} = 1.0 - j3.3\dot{I}_{a11} - j1.5\dot{I}_{a12} \\
&\dot{V}_{a21} = -j3.3\dot{I}_{a21} - j1.5\dot{I}_{a22} \\
&\dot{I}_{a01} = \dot{I}_{a11} = \dot{I}_{a21} \\
&\dot{V}_{a01} + \dot{V}_{a11} + \dot{V}_{a21} = 0
\end{aligned}\right\}$$

$$\left.\begin{aligned}
&\dot{V}_{a02} = -(112.6+j0.5)(\dot{I}_{a01}+\dot{I}_{a02}) \\
&\dot{V}_{a12} = 1.0 - j1.5(\dot{I}_{a11}+\dot{I}_{a12}) \\
&\dot{V}_{a22} = -j1.5(\dot{I}_{a21}+\dot{I}_{a22}) \\
&\dot{I}_{a02} = a^2\dot{I}_{a12} = a\dot{I}_{a22} \\
&\dot{V}_{a02} + a^2\dot{V}_{a12} + a\dot{V}_{a22} = 0
\end{aligned}\right\}$$

これを解いて，

$$\left.\begin{aligned}
&\dot{I}_{a01} = \dot{I}_{a11} = \dot{I}_{a21} = 0.0995\angle 299° \\
&\dot{V}_{a01} = 0.4976\angle 125° \\
&\dot{V}_{a11} = 0.5954\angle 351° \\
&\dot{V}_{a21} = 0.4144\angle 227°
\end{aligned}\right\}$$

$$\left.\begin{aligned}
&\dot{I}_{a02} = a^2\dot{I}_{a12} = a\dot{I}_{a22} = 0.0952\angle 122° \\
&\dot{V}_{a02} = 0.6694\angle 77° \\
&\dot{V}_{a12} = 0.7441\angle 0° \\
&\dot{V}_{a22} = 0.2499\angle 240°
\end{aligned}\right\}$$

これより各相電圧・電流は次のように表わせる．

$$\left.\begin{aligned}
&\dot{I}_{a1} = 3\dot{I}_{a01} = 0.2985\angle 299° \\
&\dot{V}_{a1} = 0 \\
&\dot{V}_{b1} = 0.2942\angle 210° \\
&\dot{V}_{c1} = 1.4948\angle 115°
\end{aligned}\right\}$$

$$\left.\begin{aligned}
&\dot{I}_{b2} = 3\dot{I}_{b02} = 3\dot{I}_{a02} = 0.2865\angle 122° \\
&\dot{V}_{a2} = 0.8802\angle 29° \\
&\dot{V}_{b2} = 0 \\
&\dot{V}_{c2} = 1.5548\angle 103°
\end{aligned}\right\}$$

このベクトル図を図6・7に示す．

異相地絡時
ベクトル図

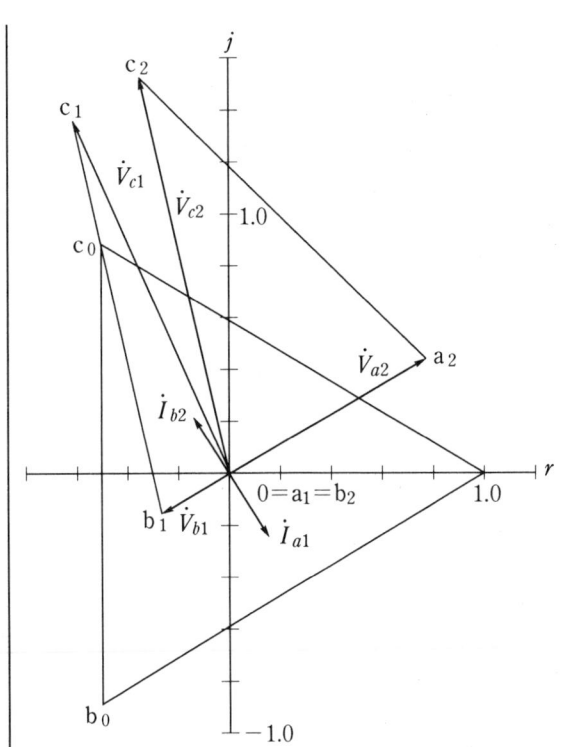

図6・7 a,b相異相地絡時ベクトル図

6・3 三相回路法による多重故障計算

多重故障時の電圧・電流分布を直接的に理解するためには，系統を単純化して三相回路で表して計算すると便利なことがある．

〔問題8〕三相回路法によって〔問題7〕の異相地絡故障計算を行え．
〔解答〕三相回路は近似的に図6・8となる．簡単のために，まず中性点を開いて

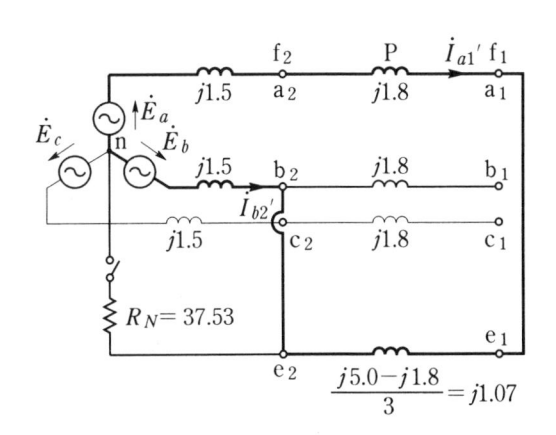

図6・8 三相回路法による異相地絡計算例

非接地とした場合は，太線の部分に線間短絡電流が流れ，その大きさは，

$$\dot{I}_{a1}' = -\dot{I}_{b2}' = \frac{\dot{E}_a - \dot{E}_b}{j1.5 + j1.8 + j1.07 + j1.5}$$

$$= \frac{\sqrt{3}\angle 30°}{j5.87} = 0.2951\angle 300°$$

電源の中性点に現れる電圧 $\dot{V}_n{'}$ は，

$$\dot{V}_n{'} = -\dot{E}_b - j1.5 \times (0.2951\angle 300°)$$
$$= -1\angle 240° - 0.4427\angle 30° = 0.6551\angle 80°$$

中性点電流は，近似的に送電線，発電機のインピーダンスを無視して，

$$\dot{I}_n{'} \fallingdotseq \frac{\dot{V}_n{'}}{R_N} = \frac{0.6551\angle 80°}{37.53} = 0.0175\angle 80°$$

これの a, b 相への分流を求めて，$\dot{I}_{a1}{'}, \dot{I}_{b2}{'}$ に加えれば，故障電流が求められ，〔問題7〕の解と同様になる．

次に近似的に中性点非接地として電圧分布を求める．図6·9で，$\dot{E}_a$ と $\dot{E}_b$ の中間点P

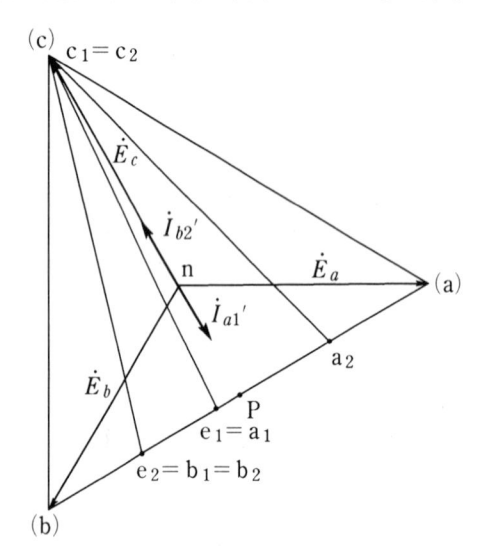

図6·9　異相地絡時の電圧ベクトル

における線間短絡時のP点電位に，Pa_1 間の電圧降下を加えたものが $a_1 = e_1$ 点の電位，さらに $a_1 a_2$ 間，$e_1 e_2$ 間の電圧降下を加えたものが $a_2 b_2 = e_2$ 点の電位となる．△$a_1 b_1 c_1$, △$a_2 b_2 c_2$ は，図6·7の△$a_1 b_1 c_1$, △$a_2 b_2 c_2$ とほぼ等しい．$e_1 e_2$ 間の電圧は，等価回路上の電圧であり，実際の大地電圧はどの地点でも等しい．$e_1 e_2$ など大地回路上の点と，これに対応する各相送電線上の点との電圧が対地電圧として実在するものである．

このように異相地絡時には，$f_1 f_2$ 間の大地にほぼ f_1 点の線間短絡電流に等しい電流が流れることになる．中性点電流は，この例のような高抵抗接地の場合は，短絡電流に比べて充分小さく，無視できる程度である．

7 平行2回線送電線の故障計算

7・1 1回線故障計算

図7・1の平行2回線系統の零相回路は図7・2(a)のように表わせる．ここで，平行2回線区間の全亘長をL〔km〕，故障点fとA母線間の亘長をL_A〔km〕，1kmあたりの零相インピーダンスおよび零相相互インピーダンスを$\dot{z}_0$, $\dot{z}_{0m}$〔PU/km〕とする．

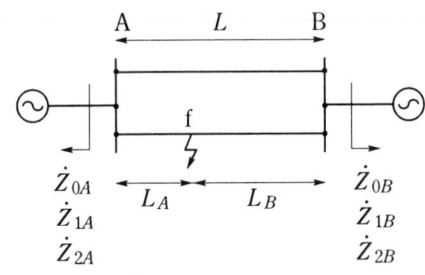

$\dot{Z}_{0A}, \dot{Z}_{1A}, \dot{Z}_{2A}$：A端背後インピーダンス
$\dot{Z}_{0B}, \dot{Z}_{1B}, \dot{Z}_{2B}$：B端背後インピーダンス

図7・1 平行2回線系統

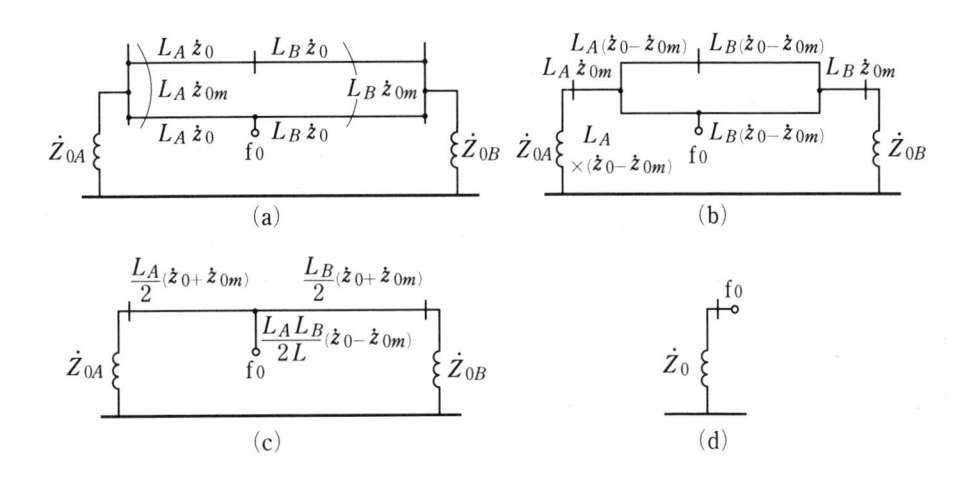

図7・2 零相回路

同図(a)は同図(b)と等価であり，さらにスター・デルタ変換により同図(c)，同図(d)のように表わせる．また正相回路は図7・3，逆相回路は図7・4のように表わすことができる．

7 平行2回線送電線の故障計算

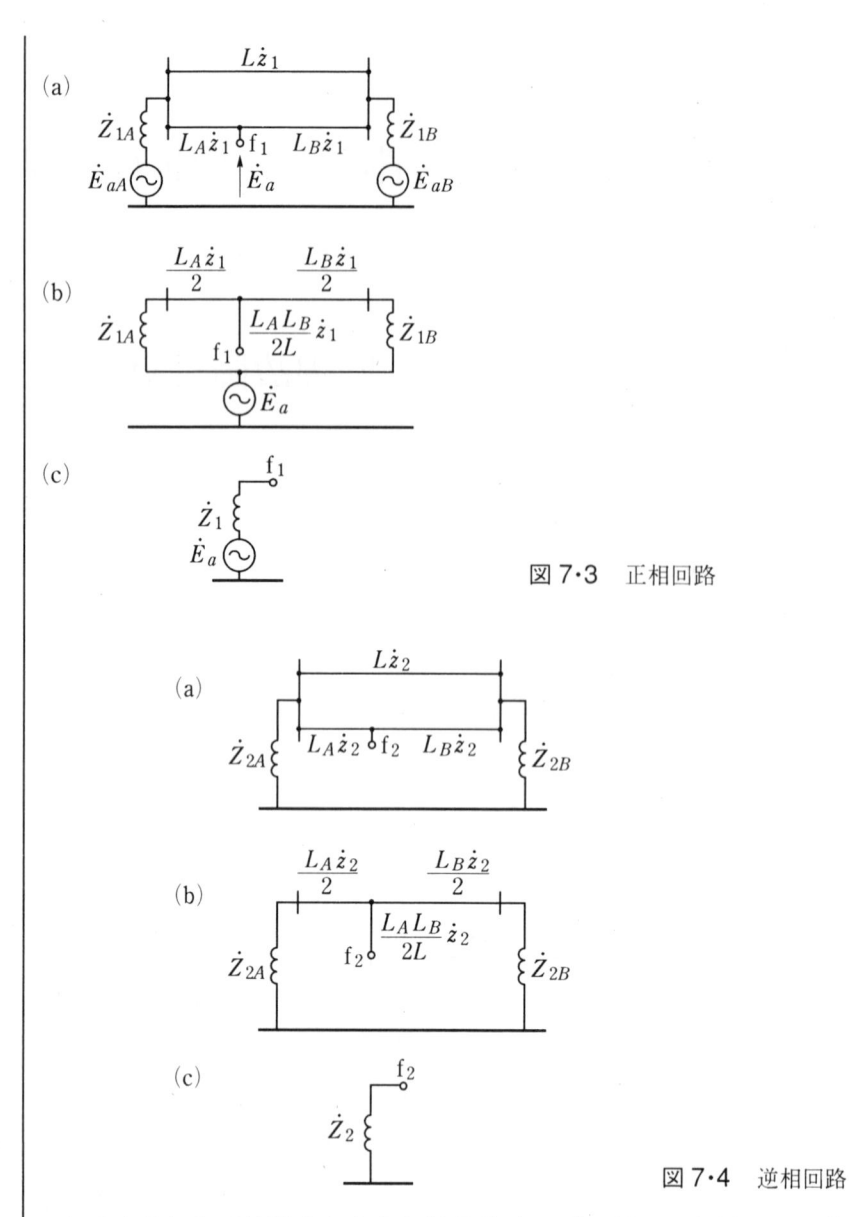

(a), (b), (c) 図7・3 正相回路

(a), (b), (c) 図7・4 逆相回路

故障点からみた対称分インピーダンス　　このようにして故障点からみた対称分インピーダンスを用いて，故障時の故障点電圧・電流を求め，さらに故障電流の各対称分回路における分流を求めて系統各部の故障電圧・電流を求めることができる．

〔問題9〕図7・5のような，275 kV，100 km平行2回線直接接地系統で，A端から

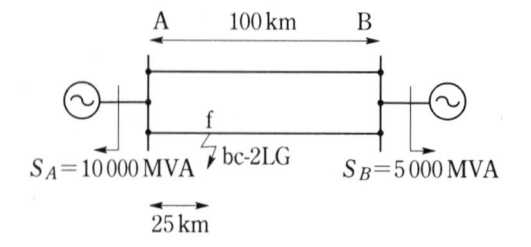

図7・5　275kV　2回線系統

25 kmのf点で1回線2線地絡時の電圧・電流を求めよ．ただし，故障点の故障前電圧は275 kV，A，B端背後の短絡容量は，それぞれ10 000 MVAおよび5 000 MVAとし，零相，正相，逆相インピーダンスは等しいものとする．また送電線のリアクタンスは次のとおりとし，抵抗分，静電容量，故障前潮流は無視する．（275 kV，1 000

−54−

7・1　1回線故障計算

MVA基準%）

$$x_0 = 1.1 \; [\%/\text{km}/\text{回線}]$$
$$x_{0m} = 0.6 \; [\%/\text{km}/\text{回線}]$$
$$x_1 = 0.4 \; [\%/\text{km}/\text{回線}]$$

〔解答〕275 kV，1 000 MVA基準単位法では，A端背後の短絡容量 $S_A = 10\,000$ MVA $= 10.0$ 〔PU〕だから，A端背後の対称分リアクタンスは

$$x_{1A} = \frac{1}{S_A} = \frac{1}{10.0} = 0.10 \,[\text{PU}] = x_{0A} = x_{2A}$$

同様にB端背後のリアクタンスは

$$x_{1B} = \frac{1}{S_B} = \frac{1}{5.0} = 0.20 \,[\text{PU}] = x_{0B} = x_{2B}$$

fA間の送電線の零相リアクタンスは

$$x_{l0A} = L_A x_0 = 25 \times 0.011 = 0.275 \,[\text{PU}]$$
$$x_{l0mA} = L_A x_{0m} = 25 \times 0.006 = 0.150 \,[\text{PU}]$$

同様にfB間は，

$$x_{l0B} = 75 \times 0.011 = 0.825 \,[\text{PU}]$$
$$x_{l0mB} = 75 \times 0.006 = 0.450 \,[\text{PU}]$$

したがって零相リアクタンス図は図7・6(a)となり，これは図(b)(c)と変換できる．

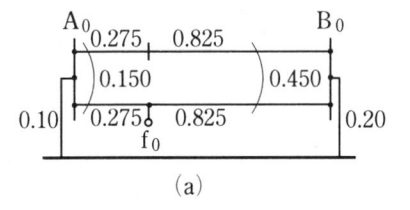

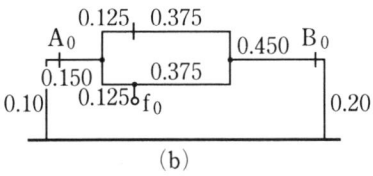

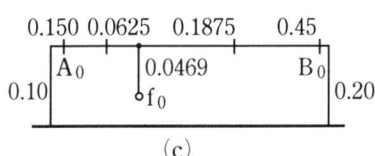

図7・6　零相リアクタンス図

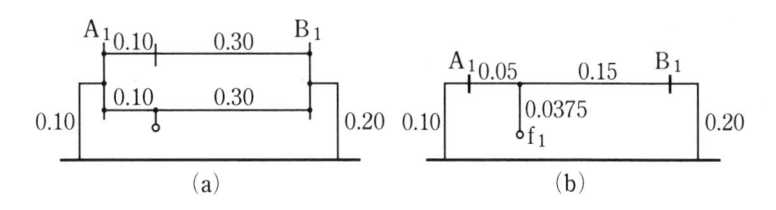

図7・7　正相，逆相リアクタンス図

同様に，正相，逆相リアクタンスは図7・7となる．これらより故障点からみた対称分インピーダンスは次のとおりとなる．

$$\dot{Z}_0 = j0.2745 \text{[PU]}$$
$$\dot{Z}_1 = \dot{Z}_2 = j0.1425 \text{[PU]}$$

したがって，2線地絡故障計算式$(2\cdot70)\sim(2\cdot72)$式より，故障点電圧・電流は次のように求められる．

$$\begin{aligned}\Delta &= \dot{Z}_0\dot{Z}_1 + \dot{Z}_1\dot{Z}_2 + \dot{Z}_2\dot{Z}_0 \\ &= j0.2745 \times j0.1425 + (j0.1425)^2 + j0.1425 \times j0.2745 \\ &= -0.09854\end{aligned}$$

$$\begin{aligned}\dot{V}_a &= \frac{3\dot{Z}_0\dot{Z}_2}{\Delta}\dot{E}_a \\ &= \frac{3 \times j0.2745 \times j0.1425}{(-0.09854)} \times 1.0 \quad (\because \dot{E}_a = 1.0) \\ &= 1.1909\angle 0° \text{[PU]} \\ &= (1.1909\angle 0°) \times \frac{275\text{[kV]}}{\sqrt{3}} = 189.1\angle 0° \text{[kV]}\end{aligned}$$

$$\begin{aligned}\dot{I}_b &= \frac{\dot{E}_a}{\Delta}\{(a^2-a)\dot{Z}_0 + (a^2-1)\dot{Z}_2\} \\ &= \frac{1.0}{(-0.09854)} \times \{-j\sqrt{3} \times j0.2745 + (-0.5-j0.866-1) \times j0.1425\} \\ &= -6.0774 + j2.1692 = 6.4529\angle 160.3° \text{[PU]} \\ &= 6.4529 \times \frac{1000 \times 10^3}{\sqrt{3} \times 275}\angle 160.3° \text{[A]} = 13.5\angle 160.3° \text{[kA]}\end{aligned}$$

$$\begin{aligned}\dot{I}_c &= \frac{\dot{E}_a}{\Delta}\{(a-a^2)\dot{Z}_0 + (a-1)\dot{Z}_2\} = 6.4529\angle 19.7° \text{[PU]} \\ &= 13.5\angle 19.7° \text{[kA]}\end{aligned}$$

7・2　2回線同時故障計算

(1) 零相第1，第2回路

図7・8の平行2回線の故障点fにおける1，2号線の零相電圧を$\dot{V}_0$, $\dot{V}_0'$としたとき

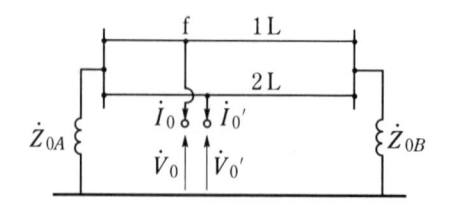

図7・8　零相回路

$$\left.\begin{aligned}\dot{V}_{00} &\equiv \frac{1}{2}(\dot{V}_0 + \dot{V}_0') \\ \dot{V}_{01} &\equiv \frac{1}{2}(\dot{V}_0 - \dot{V}_0')\end{aligned}\right\} \quad (7\cdot1)*$$

7・2 2回線同時故障計算

零相第1回路電圧
零相第2回路電圧

として求められる $\dot{V}_{00}$, $\dot{V}_{01}$ は零相第1回路電圧，零相第2回路電圧と呼ばれる．以下，この節では，$\dot{V}_{a0}$, $\dot{V}_{a0'}$ など，基準相を表わす添字aは省略し，単に $\dot{V}_0$, $\dot{V}_{0'}$ と記す．(7・1)式は

$$\left.\begin{array}{l}\dot{V}_0 = \dot{V}_{00} + \dot{V}_{01} \\ \dot{V}_0' = \dot{V}_{00} - \dot{V}_{01}\end{array}\right\} \tag{7・2}$$

とも表わせる．$\dot{V}_{00}$ は，$\dot{V}_0$, $\dot{V}_0'$ の平均値，$\dot{V}_{01}$ は平均値からの差である．

同様に，1，2号線の零相電流を $\dot{I}_0$, $\dot{I}_0'$ としたとき，零相第1，第2回路電流 $\dot{I}_{00}$, $\dot{I}_{01}$ は次のように表わせる．

$$\left.\begin{array}{l}\dot{I}_{00} \equiv \dfrac{1}{2}(\dot{I}_0 + \dot{I}_0') \\ \dot{I}_{01} \equiv \dfrac{1}{2}(\dot{I}_0 - \dot{I}_0')\end{array}\right\} \tag{7・3}*$$

$$\left.\begin{array}{l}\dot{I}_0 = \dot{I}_{00} + \dot{I}_{01} \\ \dot{I}_0' = \dot{I}_{00} - \dot{I}_{01}\end{array}\right\} \tag{7・4}$$

$\dot{I}_{00}$ は，平行2回線の零相インピーダンスが等しければ，図7・9(a)のように，1，2号線に等しく分流し，これによって $\dot{V}_{00}$ を生ずる．したがって，$\dot{I}_{00}$ が流れ $\dot{V}_{00}$ を生

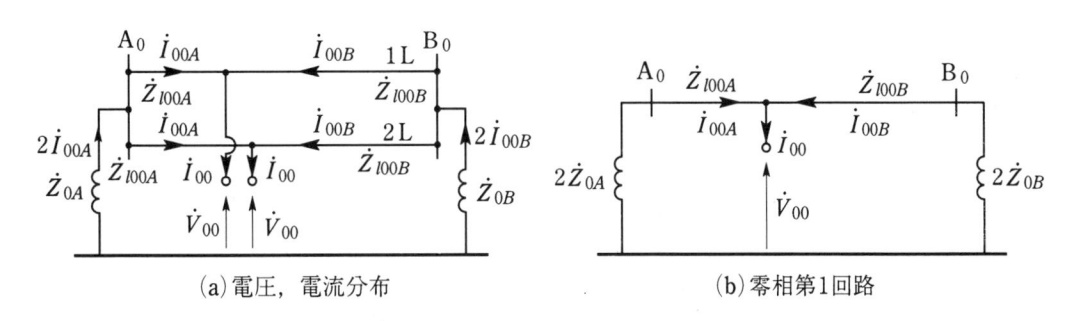

零相第1回路
零相第1回路インピーダンス

ずる回路，すなわち零相第1回路は同図(b)となる．ここで，$\dot{Z}_{l00A}$, $\dot{Z}_{l00B}$ は送電線の零相第1回路インピーダンスであり，背後の零相インピーダンス，$\dot{Z}_{0A}$, $\dot{Z}_{0B}$ には，$2\dot{I}_{00A}, 2\dot{I}_{00B}$ が流れ，$2\dot{Z}_{0A}\dot{I}_{00A}, 2\dot{Z}_{0B}\dot{I}_{00B}$ の電圧降下を生ずるから，$\dot{I}_{00A}$, $\dot{I}_{00B}$ の遭遇するインピーダンスとしては，電圧降下を等しくするためには，$2\dot{Z}_{0A}$, $2\dot{Z}_{0B}$ をとればよい．

(a) 電圧, 電流分布　　　　(b) 零相第1回路

図7・9　零相第1回路

故障点からみた零相第1回路インピーダンスを $\dot{Z}_{00}$ とすれば，次の関係が成立つ．

$$\dot{V}_{00} = -\dot{Z}_{00} \dot{I}_{00} \tag{7・5}$$

$\dot{I}_{01}$ は，図7・10(a)のように，2号線に流入して1号線から流出し，両回線間を循環するだけで，平行2回線区間の外には流れない．したがって，$\dot{I}_{01}$ が流れ $\dot{V}_{01}$ を生

零相第2回路
零相第2回路インピーダンス

ずる回路，すなわち零相第2回路は同図(b)となる．ここで，$\dot{Z}_{l01A}$, $\dot{Z}_{l01B}$ は送電線の零相第2回路インピーダンスである．故障点からみた零相第2回路インピーダンスを $\dot{Z}_{01}$ とすれば次の関係が成立つ．

$$\dot{V}_{01} = -\dot{Z}_{01}\dot{I}_{01} \tag{7.6}$$

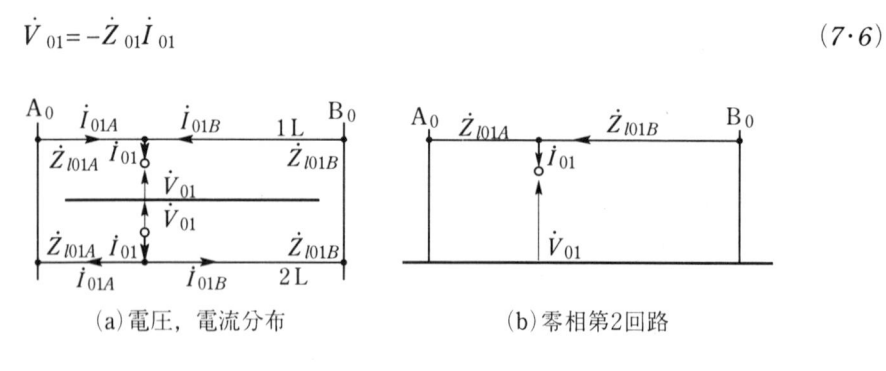

(a) 電圧, 電流分布　　　(b) 零相第2回路

図7·10　零相第2回路

(2) 正相第1, 第2回路

正相回路についても同様に故障点における1, 2号線の正相電圧・電流を $\dot{V}_1$, $\dot{V}_1'$, $\dot{I}_1$, $\dot{I}_1'$ とすれば，正相第1, 第2回路電圧・電流 $\dot{V}_{10}$, $\dot{V}_{11}$, $\dot{I}_{10}$, $\dot{I}_{11}$ は次式より求められる．(図7·11)

$$\left.\begin{array}{l}\dot{V}_{10} \equiv \dfrac{1}{2}(\dot{V}_1 + \dot{V}_1') \\ \dot{V}_{11} \equiv \dfrac{1}{2}(\dot{V}_1 - \dot{V}_1')\end{array}\right\} \tag{7.7}*$$

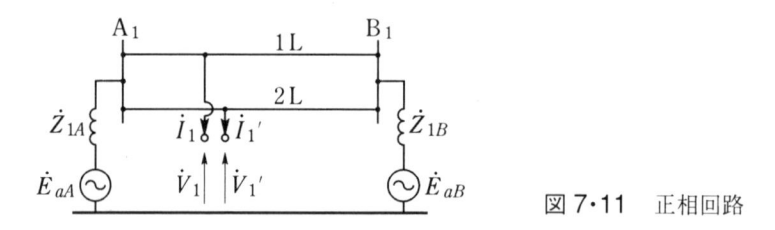

図7·11　正相回路

$$\left.\begin{array}{l}\dot{I}_{10} \equiv \dfrac{1}{2}(\dot{I}_1 + \dot{I}_1') \\ \dot{I}_{11} \equiv \dfrac{1}{2}(\dot{I}_1 - \dot{I}_1')\end{array}\right\} \tag{7.8}*$$

正相第1回路は，図7·12のように表わされる．故障点の故障前a相電圧は，

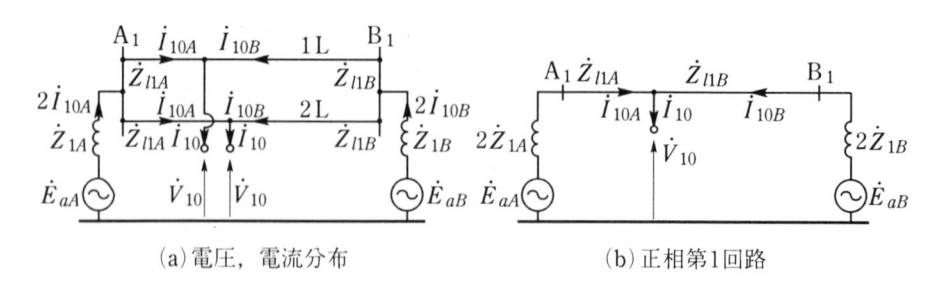

(a) 電圧, 電流分布　　　(b) 正相第1回路

図7·12　正相第1回路

正相第1回路

正相第1回路電圧

1, 2号線とも $\dot{E}_a$ であるから故障点からみた正相第1回路インピーダンスを $\dot{Z}_{10}$ とすれば，故障点の正相第1回路電圧は

$$\dot{V}_{10} = \dot{E}_a - \dot{Z}_{10}\dot{I}_{10} \tag{7.9}$$

正相第2回路

正相第2回路は，図7·13で表わされる．送電線の正相第1, 第2回路インピーダンスは等しい．故障点からみた正相第2回路インピーダンスを $\dot{Z}_{11}$ とすれば，

7・2 2回線同時故障計算

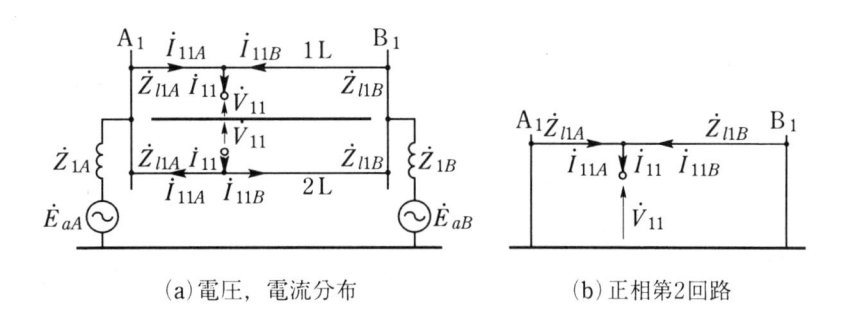

(a) 電圧，電流分布　　　　(b) 正相第2回路

図7・13　正相第2回路

$$\dot{V}_{11} = -\dot{Z}_{11}\dot{I}_{11} \tag{7・10}$$

(2) 逆相第1，第2回路

同様に，故障点の逆相第1，第2回路の電圧・電流 $\dot{V}_{20}, \dot{V}_{21}, \dot{I}_{20}, \dot{I}_{21}$ は，1，2号線の逆相電圧・電流 $\dot{V}_2, \dot{V}_2', \dot{I}_2, \dot{I}_2'$ から

$$\left.\begin{array}{l}\dot{V}_{20} \equiv \dfrac{1}{2}(\dot{V}_2 + \dot{V}_2') \\ \dot{V}_{21} \equiv \dfrac{1}{2}(\dot{V}_2 - \dot{V}_2')\end{array}\right\} \tag{7・11}*$$

$$\left.\begin{array}{l}\dot{I}_{20} \equiv \dfrac{1}{2}(\dot{I}_2 + \dot{I}_2') \\ \dot{I}_{21} \equiv \dfrac{1}{2}(\dot{I}_2 - \dot{I}_2')\end{array}\right\} \tag{7・12}*$$

として求められ，故障点からみた逆相第1，第2回路インピーダンスを，$\dot{Z}_{20}, \dot{Z}_{21}$ とすれば次の関係がある．

$$\left.\begin{array}{l}\dot{V}_{20} = -\dot{Z}_{20}\dot{I}_{10} \\ \dot{V}_{21} = -\dot{Z}_{21}\dot{I}_{21}\end{array}\right\} \tag{7・13}$$

送電線がねん架されているときには，送電線の正相，逆相インピーダンスは等しく，また発電機の正相，逆相インピーダンスも等しければ

$$\left.\begin{array}{l}\dot{Z}_{20} = \dot{Z}_{10} \\ \dot{Z}_{21} = \dot{Z}_{11}\end{array}\right\} \tag{7・14}$$

となり，逆相第1，第2回路は，図7・12，7・13で起電力 $\dot{E}_{aA}, \dot{E}_{aB}$ を零としたものに等しくなる．

(4) 平行2回線の電圧・電流基本式

以上をまとめると，平行2回線における故障点の1，2号線の対称分第1，第2回路電圧・電流について次の基本式が成立つ．

$$\left.\begin{aligned}\dot{V}_{00} &= -\dot{Z}_{00}\dot{I}_{00} \\ \dot{V}_{01} &= -\dot{Z}_{01}\dot{I}_{01} \\ \dot{V}_{10} &= \dot{E}_a - \dot{Z}_{10}\dot{I}_{10} \\ \dot{V}_{11} &= -\dot{Z}_{11}\dot{I}_{11} \\ \dot{V}_{20} &= -\dot{Z}_{20}\dot{I}_{20} \\ \dot{V}_{21} &= -\dot{Z}_{21}\dot{I}_{21}\end{aligned}\right\} \quad (7\cdot15)^*$$

また，1，2号線の各相電圧は，

$$\left.\begin{aligned}\dot{V}_a &= \dot{V}_0 + \dot{V}_1 + \dot{V}_2 = \dot{V}_{00} + \dot{V}_{01} + \dot{V}_{10} + \dot{V}_{11} + \dot{V}_{20} + \dot{V}_{21} \\ \dot{V}_a' &= \dot{V}_0' + \dot{V}_1' + \dot{V}_2' = \dot{V}_{00} - \dot{V}_{01} + \dot{V}_{10} - \dot{V}_{11} + \dot{V}_{20} - \dot{V}_{21} \\ \dot{V}_b &= \dot{V}_0 + a^2\dot{V}_1 + a\dot{V}_2 = \dot{V}_{00} + \dot{V}_{01} + a^2(\dot{V}_{10} + \dot{V}_{11}) + a(\dot{V}_{20} + \dot{V}_{21}) \\ \dot{V}_b' &= \dot{V}_0' + a^2\dot{V}_1' + a\dot{V}_2' = \dot{V}_{00} - \dot{V}_{01} + a^2(\dot{V}_{10} - \dot{V}_{11}) + a(\dot{V}_{20} - \dot{V}_{21}) \\ \dot{V}_c &= \dot{V}_0 + a\dot{V}_1 + a^2\dot{V}_2 = \dot{V}_{00} + \dot{V}_{01} + a(\dot{V}_{10} + \dot{V}_{11}) + a^2(\dot{V}_{20} + \dot{V}_{21}) \\ \dot{V}_c' &= \dot{V}_0' + a\dot{V}_1' + a^2\dot{V}_2' = \dot{V}_{00} - \dot{V}_{01} + a(\dot{V}_{10} - \dot{V}_{11}) + a^2(\dot{V}_{20} - \dot{V}_{21})\end{aligned}\right\} \quad (7\cdot16)^*$$

行列表示して

$$\boldsymbol{V}_p = \begin{pmatrix}\dot{V}_a \\ \dot{V}_a' \\ \dot{V}_b \\ \dot{V}_b' \\ \dot{V}_c \\ \dot{V}_c'\end{pmatrix} \quad (7\cdot17) \qquad \boldsymbol{V}_s = \begin{pmatrix}\dot{V}_{00} \\ \dot{V}_{01} \\ \dot{V}_{10} \\ \dot{V}_{11} \\ \dot{V}_{20} \\ \dot{V}_{21}\end{pmatrix} \quad (7\cdot18)$$

$$\boldsymbol{I}_p = \begin{pmatrix}\dot{I}_a \\ \dot{I}_a' \\ \dot{I}_b \\ \dot{I}_b' \\ \dot{I}_c \\ \dot{I}_c'\end{pmatrix} \quad (7\cdot19) \qquad \boldsymbol{I}_s = \begin{pmatrix}\dot{I}_{00} \\ \dot{I}_{01} \\ \dot{I}_{10} \\ \dot{I}_{11} \\ \dot{I}_{20} \\ \dot{I}_{21}\end{pmatrix} \quad (7\cdot20)$$

$$A = \begin{pmatrix}1 & 1 & 1 & 1 & 1 & 1 \\ 1 & -1 & 1 & -1 & 1 & -1 \\ 1 & 1 & a^2 & a^2 & a & a \\ 1 & -1 & a^2 & -a^2 & a & -a \\ 1 & 1 & a & a & a^2 & a^2 \\ 1 & -1 & a & -a & a^2 & -a^2\end{pmatrix} \quad (7\cdot21)$$

とおけば

7·2 2回線同時故障計算

$$\left.\begin{array}{l} \boldsymbol{V}_p = A\boldsymbol{V}_s \\ \boldsymbol{I}_p = A\boldsymbol{I}_s \end{array}\right\} \quad (7\cdot 22)$$

2回線の基本式(7·15)式は,

$$\boldsymbol{V}_p = \boldsymbol{E}_s - \boldsymbol{Z}_s \boldsymbol{I}_s \quad (7\cdot 23)$$

ここで,

$$\boldsymbol{E}_s = \begin{pmatrix} 0 \\ 0 \\ \dot{E}_a \\ 0 \\ 0 \\ 0 \end{pmatrix} \quad (7\cdot 24)$$

$$\boldsymbol{Z}_s = \begin{pmatrix} \dot{Z}_{00} & 0 & & & & 0 \\ 0 & \dot{Z}_{01} & & & & \\ & & \dot{Z}_{10} & & & \\ & & & \dot{Z}_{11} & & \\ & & & & \dot{Z}_{20} & 0 \\ 0 & & & & 0 & \dot{Z}_{21} \end{pmatrix} \quad (7\cdot 25)$$

(5) 2回線区間の故障計算

故障条件は次式によって表わせる.

$$\left.\begin{array}{l} \boldsymbol{V}_p = \boldsymbol{V}_{pF} \\ \boldsymbol{I}_p = \boldsymbol{I}_{pF} \end{array}\right\} \quad (7\cdot 26)$$

$\boldsymbol{V}_{pF}$, $\boldsymbol{I}_{pF}$ は故障点の各相電圧・電流であり, たとえば, 1号線b相1線地絡, 2号線c相1線地絡, すなわちb, c′相地絡の場合は

$$\boldsymbol{V}_{pF} = \begin{pmatrix} \dot{V}_a \\ \dot{V}_a{}' \\ 0 \\ \dot{V}_b{}' \\ \dot{V}_c \\ 0 \end{pmatrix} \quad (7\cdot 27) \qquad \boldsymbol{I}_{pF} = \begin{pmatrix} 0 \\ 0 \\ \dot{I}_b \\ 0 \\ 0 \\ \dot{I}_c{}' \end{pmatrix} \quad (7\cdot 28)$$

(7·22), (7·26)式より

$$\left.\begin{array}{l} A\boldsymbol{V}_s = \boldsymbol{V}_{pF} \\ A\boldsymbol{I}_s = \boldsymbol{I}_{pF} \end{array}\right\} \quad (7\cdot 29)$$

このうち, 右辺が0となる式が6個あり, これと(7·23)式を組合わせれば, $\boldsymbol{V}_s$, $\boldsymbol{I}_s$ の12個の未知数を含む, 12個の複素連立一次方程式が得られ, これを解いて, $\boldsymbol{V}_s$, $\boldsymbol{I}_s$ を求め, (7·22)式により, 各相電圧・電流 $\boldsymbol{V}_p$, $\boldsymbol{I}_p$ が求められる.

〔問題10〕〔問題9〕の故障点で, b, c′相2線地絡時の故障点電圧・電流を求めよ.
〔解答〕図7·6, 7·7より, 対称分第1, 第2回路は図7·14となる. これより, 故

障点からみた対称分回路のインピーダンスは次のとおりとなる（275 kV，1 000 MVA基準単位法）．

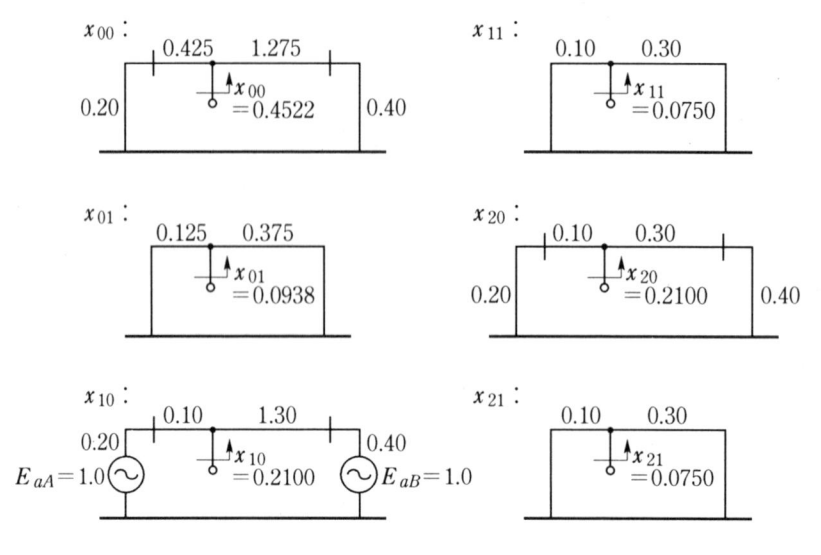

図 7・14 対称分回路リアクタンス図

$$\left.\begin{array}{l}\dot{Z}_{00}=j0.4552\\ \dot{Z}_{01}=j0.0938\\ \dot{Z}_{10}=j0.2100\\ \dot{Z}_{11}=j0.0750\\ \dot{Z}_{20}=j0.2100\\ \dot{Z}_{21}=j0.0750\end{array}\right\} \quad (7\cdot30)$$

ただし，送電線の零相リアクタンスは，

$$x_{00}=x_0+x_{0m}=1.1+0.6=1.7 \ [\%/\mathrm{km}/\text{回線}]$$
$$x_{01}=x_0-x_{0m}=1.1-0.6=0.5 \ [\%/\mathrm{km}/\text{回線}]$$

とし，抵抗分，充電容量は無視する．b，c′相2線地絡時の故障条件，すなわち(7・27)式の第3，6式，(7・28)式の第1，2，4，5式より次式を得る．

$$\left.\begin{array}{l}\dot{V}_b=\dot{V}_{00}+\dot{V}_{01}+a^2\dot{V}_{10}+a^2\dot{V}_{11}+a\dot{V}_{20}+a\dot{V}_{21}=0\\ \dot{V}_c{}'=\dot{V}_{00}-\dot{V}_{01}+a\dot{V}_{10}-a\dot{V}_{11}+a^2\dot{V}_{20}-a^2\dot{V}_{21}=0\\ \dot{I}_a=\dot{I}_{00}+\dot{I}_{01}+\dot{I}_{10}+\dot{I}_{11}+\dot{I}_{20}+\dot{I}_{21}=0\\ \dot{I}_a{}'=\dot{I}_{00}-\dot{I}_{01}+\dot{I}_{10}-\dot{I}_{11}+\dot{I}_{20}-\dot{I}_{21}=0\\ \dot{I}_b{}'=\dot{I}_{00}-\dot{I}_{01}+a^2\dot{I}_{10}-a^2\dot{I}_{11}+a\dot{I}_{20}-a\dot{I}_{21}=0\\ \dot{I}_c=\dot{I}_{00}+\dot{I}_{01}+a\dot{I}_{10}+a\dot{I}_{11}+a^2\dot{I}_{20}+a^2\dot{I}_{21}=0\end{array}\right\} \quad (7\cdot31)$$

また，平行2回線の電圧・電流基本式(7・15)式において，$\dot{E}_a=1.0$とおき，

7·2 2回線同時故障計算

$$\left.\begin{aligned}
\dot{V}_{00} &= -\dot{Z}_{00}\dot{I}_{00} \\
\dot{V}_{01} &= -\dot{Z}_{01}\dot{I}_{01} \\
\dot{V}_{10} &= 1.0 - \dot{Z}_{10}\dot{I}_{10} \\
\dot{V}_{11} &= -\dot{Z}_{11}\dot{I}_{11} \\
\dot{V}_{20} &= -\dot{Z}_{20}\dot{I}_{20} \\
\dot{V}_{21} &= -\dot{Z}_{21}\dot{I}_{21}
\end{aligned}\right\} \qquad (7\cdot32)$$

(7·32)式に(7·30)式を代入し，(7·31)式と連立して解けば，故障点の対称分電圧・電流が求まる．これより各相電圧・電流が得られるが，結果のみを示せば次のようになる．

$$\left.\begin{aligned}
\dot{V}_a &= 1.1828\angle 1.8° & \text{[PU]} \\
\dot{V}_b &= 0 & \text{[PU]} \\
\dot{V}_c &= 0.5361\angle 108.2° & \text{[PU]} \\
\dot{V}_a' &= 1.1828\angle{-1.8°} & \text{[PU]} \\
\dot{V}_b' &= 0.5361\angle{-108.2°} & \text{[PU]} \\
\dot{V}_c' &= 0 & \text{[PU]}
\end{aligned}\right\}$$

$$\left.\begin{aligned}
\dot{I}_b &= 6.2344\angle 159.0° & \text{[PU]} \\
\dot{I}_c' &= 6.2344\angle 21.0° & \text{[PU]} \\
\dot{I}_a &= \dot{I}_c = \dot{I}_a' = \dot{I}_b' &= 0 & \text{[PU]}
\end{aligned}\right\}$$

これを[問題9]の同地点における同一回線内のb，c相2線地絡時と比べると

(b, c相2線地絡)	(b, c'相2線地絡)
$\dot{V}_a = 1.1909\angle 0°$	$\dot{V}_a = 1.1828\angle 1.8°$
	$\dot{V}_a' = 1.1828\angle{-1.8°}$
$\dot{I}_b = 6.4529\angle 160.3°$	$\dot{I}_b = 6.2344\angle 159.0°$
$\dot{I}_c = 6.4529\angle 19.7°$	$\dot{I}_c' = 6.2344\angle 21.0°$

と，両者はほとんど等しくなっている．一般に2回線区間では，$\dot{Z}_{01}$と$\dot{Z}_{11}$に大きな差がないので，bc相2線地絡時と，bc'相2線地絡時の故障点電流は，同程度の値となる．

索 引

英字

$\alpha\beta$ 回路法	1
1線断線	40, 46
1線地絡	36, 46
2線断線	41, 46
2線断線（対称分等価回路）	42
2線地絡	36, 46
3線地絡	4
3端子回路	20
1線断線（対称分等価回路）	41
a相1線地絡	8, 10
bc相線間短絡故障	7
n 地点同時故障	48

ア行

異相地絡	47
異相地絡時 ベクトル図	51
移相変圧器	45

カ行

基準相	44
系統故障計算手順	24
故障電流	19
故障前潮流	25
故障点からみた対称分インピーダンス	54
故障点抵抗	34
故障分電圧・電流	19
高インピーダンス接地	10, 14

サ行

三相回路法	1
三相短絡	4, 34
三相短絡直後の電圧分布	29
三相短絡電流	6
三相電圧ベクトル	31
スター・デルタ変換式	23
正相第1回路	58
正相第2回路	58
線間短絡	5, 35, 46
線間短絡電流	6

タ行

多重故障計算	44
対称座標法	1
対称分回路	25, 44
対称分電圧・電流	2, 3
短絡電流	30
短絡容量	32
断線点からみた対称分インピーダンス	39
断線点の各対称分電流	39
断線点の電圧・電流基本式	40
直接接地	11, 16
電圧維持能力	33
電圧降下	33
電圧分布	30

ハ行

発電機の基本式	2
微地絡現象	34
平行2回線系統	53
鳳－テブナンの定理	18

マ行

無限大母線	33
無負荷発電機	3

ラ行

両端電源系統	31
零相回路	53
零相第1回路	57
零相第1回路インピーダンス	57
零相第1回路電圧	57
零相第2回路	57
零相第2回路インピーダンス	57

索 引

零相第2回路電圧 57
零相電圧 44

d‑book
電力系統の故障計算

2001年6月11日　第1版第1刷発行

著　者	新田目　倖造
発行者	田中久米四郎
発行所	株式会社電気書院 東京都渋谷区富ケ谷二丁目2‑17 （〒151‑0063） 電話03‑3481‑5101（代表） FAX03‑3481‑5414
制　作	久美株式会社 京都市中京区新町通り錦小路上ル （〒604‑8214） 電話075‑251‑7121（代表） FAX075‑251‑7133

印刷所　創栄印刷株式会社

ⓒ2001 Kozo Aratame　　　　　　　　　　Printed in Japan

ISBN4‑485‑42988‑1　　　　　　　［乱丁・落丁本はお取り替えいたします］

Ⓡ Ⓡ　〈日本複写権センター非委託出版物〉

　本書の無断複写は，著作権法上での例外を除き，禁じられています．
　本書は，日本複写権センターへ複写権の委託をしておりません．
　本書を複写される場合は，すでに日本複写権センターと包括契約をされている方も，電気書院京都支社（075‑221‑7881）複写係へご連絡いただき，当社の許諾を得て下さい．